常用零部件的
SolidWorks 三维建模与仿真

郭术义　著

国防工业出版社

·北京·

内 容 简 介

本书系统讲述了用 SolidWorks 软件进行直齿轮、内齿轮、蜗轮蜗杆、减速器、齿轮油泵、手压阀和千斤顶等常用零部件建模以及运动仿真过程,并通过具体实例——二级齿轮减速器,阐述了齿轮三维建模的应用,为研究其它复杂机械系统的虚拟样机技术提供了参考。

本书着眼于 SolidWorks 虚拟样机软件的最新科技成果,力求做到先进性。在结构方面,齿轮、减速器、齿轮油泵、手压阀和千斤顶在 SolidWorks 的建模过程、虚拟运动仿真过程单独成章,便于学习、理解。

本书可作为从事机械、材料、计算机及相关专业的从事三维虚拟样机技术研究的高校教师和研究生用书,也可供科研机构、企业工程技术人员参考。

图书在版编目(CIP)数据

常用零部件的 SolidWorks 三维建模与仿真/郭术义
著 . —北京:国防工业出版社,2013.12
ISBN 978-7-118-09257-8

Ⅰ.①常… Ⅱ.①郭… Ⅲ.①机械元件—计算机辅
助设计—应用软件 Ⅳ.①TH13-39

中国版本图书馆 CIP 数据核字(2013)第 290345 号

※

国防工业出版社出版发行

(北京市海淀区紫竹院南路 23 号 邮政编码 100048)
北京嘉恒彩色印刷责任有限公司
新华书店经售

*

开本 710×1000 1/16 印张 12¼ 字数 150 千字
2013 年 12 月第 1 版第 1 次印刷 印数 1—3000 册 定价 42.00 元

(本书如有印装错误,我社负责调换)

国防书店:(010)88540777   发行邮购:(010)88540776
发行传真:(010)88540755   发行业务:(010)88540717

前　言

　　大型复杂机械系统的可靠性研究一直是机械系统研究的重点问题。传统的被动式设计方法浪费大量的人力、物力、财力。虚拟样机技术为机械系统的可靠性研究提供了良好的主动式设计平台。在国外，各大公司认识到虚拟样机技术的科学性、先进性，普遍采用该技术为大型机械系统的可靠性设计提供数据支持。虚拟样机技术中一个比较重要的环节是机械系统的三维快速建模。一般的建模过程非常费时费力，且建模过程由于软件的复杂性非常容易出错，建模效率低下，无法满足现代虚拟样机技术快速发展要求。

　　SolidWorks 软件法国达索（Dassault Systemes）公司下的子公司 SolidWorks 公司的实体模型设计系统，在目前的三维造型软件领域中占有着非常重要的地位。基于 Windows 风格的 SolidWorks 软件具有功能卓越、易学易用和技术创新三大特点，使得 SolidWorks 成为国际领先的、世界主流的三维机械 CAD 解决方案，是应用最广泛、最成功的三维 CAD/CAE/CAM 软件之一。

　　齿轮系列、蜗轮蜗杆、减速器、齿轮油泵、手压阀和千斤顶是目前机械行业应用最广的零部件。为解决这类零部件设计周期长，设计成本高和传动质量较低等问题，本书利用 SolidWorks 软件的参数化技术、优化设计技术和虚拟样机技术等现代设计手段进行方案的设计，大大缩短了设计时间，提高了设计效率。

　　为促进复杂机械系统虚拟样机技术的发展，齿轮的三维快速造型以及运动仿真技术，从而编写了此书。本书就齿轮系列、蜗轮蜗杆、减速器、齿轮油泵、手压阀和千斤顶三维快速成型及虚拟运动仿真技术进行了深入的探讨。

　　由于编者水平有限，书中难免存在不足之处，恳请广大读者批评指正。

　　本书得到了"河南省高等学校青年骨干教师资助计划"支持，在此表示感谢！

　　作者联系方式为 E－mail:yishuguo@163.com。

作者

2013.10

目　　录

第一章 绪 论

1.1 系统仿真建模背景

近年来建模、虚拟装配与仿真技术飞速发展,分布式交互仿真技术向人们展示了建模与仿真技术对复杂系统的设计与分析带来的巨大帮助,这些复杂系统完全可以与生产系统的复杂性相媲美。

虚拟制造和虚拟产品设计技术已成为先进制造技术的重要研究方向。虚拟产品设计技术属于以设计为主导的虚拟制造技术,它以虚拟现实为基础,利用计算机建模和仿真技术,通过网络提供的协同方式,让分布在不同地点的设计人员对产品设计和制造等过程进行建模和仿真。同时允许客户参与协同过程,提供产品并行设计、虚拟加工装配及虚拟产品的动态仿真,在数字化环境中以更小的资源消耗、更短的开发周期和更优的设计结果完成新产品开发。建立模型是仿真的前提(即建立一个能够支持基于仿真环境的产品模型),它直接决定产品开发环境的有效性。

作为虚拟制造的关键技术之一,虚拟装配技术近年来受到了学术界和工业界的广泛关注,并对敏捷制造、虚拟制造等先进制造模式的实施具有深远影响。通过建立产品数字化装配模型,虚拟装配技术在计算机上创建近乎实际的虚拟环境,可以用虚拟产品代替传统设计中的物理样机,能够方便地对产品的装配过程进行模拟与分析,预估产品的装配性能,及早发现潜在的装配冲突与缺陷,并将这些装配信息反馈给设计人员。运用该技术不但有利于并行工程的开展,而且还可以大大缩短产品开发周期,降低生产成本,提高产品在市场中的竞争力。

仿真技术是使信息技术与制造技术结合的桥梁,使设计师能够在计算机中进行零件的装配仿真,减少了实物模型在设计中的应用,从而在设计阶段就解决了零件间的冲突干涉等制造中的关键问题,是使企业产生最大经济效益的核心技术。

1.2   常用零部件

齿轮机构是用来传递空间任意两轴间的运动和动力的一种传动机构,由于其具有功率范围大、传动效率高、传动比准确、使用寿命长和工作安全可靠等特点,已成为现代机械中应用最广泛的传动机构之一。相应地,齿轮机构的设计也成为产品设计的一项重要内容。随着 CAD 软件的广泛应用,产品的虚拟设计成为降低产品设计成本且方便快捷的一种有效手段。为完成产品的虚拟装配,势必要建立齿轮的三维虚拟模型。而一般的 CAD 软件虽然都能进行齿轮的实体造型,但是过程往往比较繁复,而且当齿轮参数发生变化以后,需要对齿轮重新进行实体造型,重复劳动多,效率低下。

SolidWorks 软件没有给出齿轮渐开线轮廓的构造方法,而很多场合我们需要这样的造型,这就需要对 SolidWorks 进行二次开发,用程序来实现。

齿轮减速器具有效率高、寿命长、维护简便等特点,因而是机械传动中应用极为广泛的一种传动机构。运用 SolidWorks 软件,设计人员可以在建造真实齿轮传动装置之前建立整个装置的虚拟样机,然后模拟减速器的运动过程,就可以在减速器的开发过程中发现设计中存在的不足和缺陷,满足用户要求的程度,从而为进一步优化设计齿轮减速器提供依据。齿轮减速器是把机械传动中的动力机(主动机)与工作机(从动机)连接起来,通过差异齿形和齿数的齿轮以差异级数传动,实现定传动比减速(或增速)的机械传动装置,减速时称为减速器(增速时称为增速器)。

齿轮油泵是液压系统中常用的液压泵,目前已经广泛应用于生产的各行各业中,传统的齿轮油泵设计已经不能满足企业对齿轮油泵的结构和性能的新要求。为解决齿轮油泵的设计周期长、设计成本高、传动质量较低等问题,必须采用参数化技术、优化设计技术和虚拟样机技术等现代设计手段来进行齿轮油泵的设计。

目前大量生产的手压阀有弹簧式和杆式两大类。另外还有冲量式手压阀、先导式手压阀、安全切换阀、安全解压阀、静重式手压阀等。弹簧式手压阀主要依靠弹簧的作用力而工作,弹簧式手压阀中又有封闭和不封闭的,一般易燃、易爆或有毒的介质应选用封闭式,蒸汽或惰性气体等可以选用不封闭式,在弹簧式手压阀中还有带扳手和不带扳手的。扳手的作用主要是检查阀瓣的灵活程度,有时也可以用作手动紧急泄压用,杠杆式手压阀主要依靠杠杆重锤的作用力而工作,但由于杠杆式手压阀体积庞大往往限制了选用范围。温度较高时选用带散热器的手压阀。

千斤顶是一种起重高度小(小于1m)的最简单的起重设备。它有机械式和液压式两种。机械式千斤顶又有齿条式与螺旋式两种,由于起重量小,操作费力,一般只用于机械维修工作,在修桥过程中不适用。液压式千斤顶结构紧凑,工作平稳,有自锁作用,故使用广泛。其缺点是起重高度有限,起升速度慢。

千斤顶主要用于厂矿、交通运输等部门,起到车辆修理及其它起重、支撑等作用。其结构轻巧坚固、灵活可靠,一人即可携带和操作。千斤顶是用刚性顶举件作为工作装置,通过顶部托座或底部托爪在小行程内顶升重物的轻小起重设备。

1.3　SolidWorks 软件与常用三维 CAD 软件

计算机辅助设计(Computer Aided Design,CAD)技术是电子信息技术的一个重要组成部分。CAD 技术开发与应用水平已经成为衡量一个国家科技现代化和工业现代化程度高低的重要标志之一。

CAD 的发展经历了从二维到三维,从最初的三维线框造型到今天的特征造型,从仅为某些大企业的专用工具到整个设计领域的全面普及这样一个不同凡响的发展道路。

在 CAD 发展的早期,二维 CAD 系统主要完成二维工程图的绘制。产品以 Autodesk 公司的 AutoCAD 系统为代表,大多数企业设计部门使用二维工程图表达产品设计意图,制造部门将设计部门提供的设计图重现立体模型,整个过程重复性工作很多,浪费了大量的人力和时间。20 世纪 60 年代中期到 70 年代中期,为了适应设计和加工的要求,发展了三维 CAD 软件。

使用三维 CAD 系统进行产品造型与设计,符合工程师的思维习惯,具有二维 CAD 无可比拟的优点。人们可以方便地设计零件,而且对于设计好的零件还可以用于装配设计、干涉检查和运动仿真,既直观又便捷。更重要的是,还可以由零件和装配体自动生成各种工程图。

Parametric TechnologyCrop 公司(PTC)的 Pro/E 以其参数化、基于特征、全相关等概念闻名于 CAD 界。该软件的应用领域主要是针对产品的三维实体模型建立、三维实体零件的加工以及设计产品的有限元分析。

　　Pro/E 不是基于 Windows 操作平台开发的,因此该软件并非窗口式的对话框,这样一来就给学习者带来了一定的麻烦。同时该软件不支持布尔运算以及其它局部造型操作,从而限制了它的使用。该软件的价格相对较高,但由于它的功能很强大,国内的一些大型企业依然是它的主要用户。

　　Unigraphics Solutions 公司的 UG 应用范围基本和 Pro/E 相似,它以 Parasolid 几何造型核心为基础,采用基于约束的特征建模技术和传统的几何建模为一体的复合建模技术。在三维实体造型时,由于几何和尺寸约束在造型的过程中被捕捉,生成的几何体总是完全约束的,约束类型是 3D 的,而且可用于控制参数曲面。该软件的主要缺点是不允许在零件之间定义约束。但 UG 具有统一的数据库,从而实现了 CAD、CAE、CAM 之间无数据交换的自由转换。目前我国很多的航空企业都在使用这种软件,但是 UG 使用起来比较复杂,软件相对较难掌握。

　　由法国 Dassault Systems(达索)公司开发,后被美国 IBM 公司收购的 CATIA 是一个全面的 CAD/CAM/CAE/PDM 应用系统,CATIA 具有一个独特的装配草图生成工具,支持欠约束的装配草图绘制以及装配图中各零件之间的连接定义,可以进行快速得概念设计。它支持参数化造型和布尔操作等造型手段。CATIA 的外形设计和风格设计为零件设计提供了集成工具,而且该软件具有很强的曲面造型功能,集成开发环境也别具一格。同样,CATIA 也可进行有限元分析,特别是,一般的三维造型软件都是在三维空间内观察零件,但是CATIA 能够进行四维空间的观察,也就是说该软件能够模拟观察者的视野进入到零件的内部去观察零件,并且它还能够模拟真人进行装配。这套软件的价格也不便宜。飞机、汽车等产品就是应用 CATIA

软件开发设计的。

SDRC 公司的 IDeasMasterSeries 是高度集成化的 CAD/CAE/CAM 软件系统。在单一数字模型中完成从产品设计、仿真分析、测量直至数控加工的产品研发全过程。允许用户对一个完整的三维数字产品从几何造型、设计过程、特征到设计约束，都可以实时直接设计和修改，在全约束和非全约束的情况下均可顺利地完成造型，它把直接几何描述和历史树描述结合起来，从而提供了易学易用的特性。模型修改允许形状及拓扑关系变化，操作简便，并非像参数化技术那样仅仅是尺寸驱动，所有操作均为"拖放"方式，它还支持动态导航、登陆、核对等功能。工程分析是它的特长。

国内的 CAD/CAM 系统是近几年才起步的，主要依靠于高等院校的开发研制。这一类的软件种类较多，比如具有自主版权的清华大学开发的 GHGEMSCAD(高华 CAD)；具有三维功能并与有限元分析、数控加工集成的浙江大学开发的 GS－CAD；具有参数化功能和装配设计功能的华中理工大学开发的开目 CAD，该软件也是 CAD/CAM/CAPP 结合的软件，目前在国内的市场中使用也较多。该软件是全中文的界面，符合中国人的使用习惯，因此近几年国产软件也慢慢得到了应用者的广泛注意。国产软件的价格一般都在几千至几万元左右，比起国外的动辄几十万，甚至上百万的软件实在是便宜得多。但是国外软件的功能与技术仍是国产软件所不能达到的。

美国 SolidWorks 公司是专业从事三维机械设计、工程分析和产品数据管理软件开发和营销的跨国公司，其软件产品 SolidWorks 提供一系列的三维(3D)设计产品，帮助设计师减少设计时间，增加精确性，提高设计的创新性，并将产品更快推向市场。

SolidWorks 软件是 SolidWorks 公司在 Windows 平台上研制开发的三维机械设计软件，操作简单方便，易学易用，可以快捷地建立各种结构的模型,是目前应用较为广泛的三维设计软件。它采用参数化特征建模技术,具有极强的设计灵活性。在其任何阶段进行修改设计,同时连动改变相关零部件的参数。SolidWorks 软件具有三个功能强大的应用模块,分别是零件模块、装配体模块、工程图模块。

通过参数化实体模型的建立及各部件的虚拟装配,可以说常见零部件的数字模型已经基本构建完成,但许多隐藏在输出数据背后的各种规律、运行时的具体状态以及可能出现的各种情况仍无法体现,而对常见零部件进行三维动态仿真则可解决上述问题。此外,通过仿真还可得到可能的模型配置。

通过动态仿真试验可以考核和测试常见零部件系统的性能,对不合理的地方及时反馈并进行调整。通过动态分析,把握提高性能措施的方向;通过仿真,在常用零部件的设计阶段,即能做到预测其动态特性,以保证产品制造运转后的要求,同时对虚拟生产出的产品予以检验,以确定能否投入正常生产。

COSMOSMotion 是一个全功能运动仿真软件,与当今主流的三维 CAD 软件 SolidWorks 无缝集成,可以对复杂机械系统进行完整的运动学和动力学仿真,得到系统中各零部件的运动情况,包括位移、速度、加速度和作用力及反作用力等。并以动画、图形、表格等多种形式输出结果,还可将零部件在复杂运动情况下的复杂载荷情况直接输出到主流的有限元分析软件中,从而进行正确的强度和结构分析。

本书采用 SolidWorks 软件对各种齿轮,一级、二级齿轮减速器,齿轮油泵,手压阀和千斤顶等进行了建模和运动仿真。

第二章　齿轮建模

2.1　齿轮造型原理

　　齿轮端面如图 2.1 所示,其中 0、1、2、3、4 点构成半个齿轮槽廓线,其中 0、1、2 点构成齿轮根部过渡曲线,2、3、4 点为渐开线上的点,程序根据渐开线公式计算出各点坐标后,根据轮廓两边对称,得到整个齿轮槽上九个点的坐标,然后用程序绘制出通过各点的样条曲线和齿顶圆两张草图,其余部分直接操作 SolidWorks 完成。

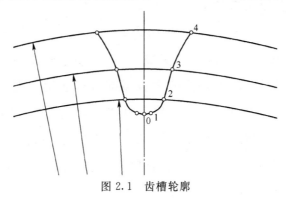

图 2.1　齿槽轮廓

2.2　VBA 造型形成齿廓线

1. 运行 SolidWorks,新建一个新零件文件。

2. 选择【工具】/【宏】/【新建】命令,新建一个 VBA 程序,文件名为"齿轮.swp"。

3. 在 VBA 界面中选择【插入】/【用户窗体】命令,添加工具箱中的控件到窗体上:用 **A** 添加三个标签,用 **abl** 添加三个文字框,用 ┛ 添加两个命令按钮,如图 2.2 所示。

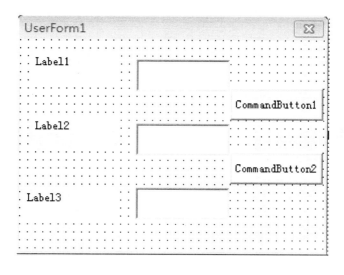

图 2.2   设置窗体

通过 VBA 编辑界面,写入各控件的程序。如图 2.3 所示,在对象下拉列表框中选择控件名。写入程序代码(程序代码详见附录),如图 2.4 所示。

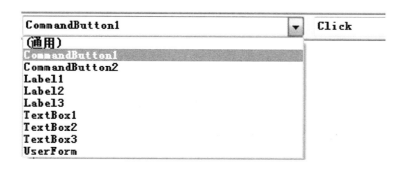

图 2.3   控件设置

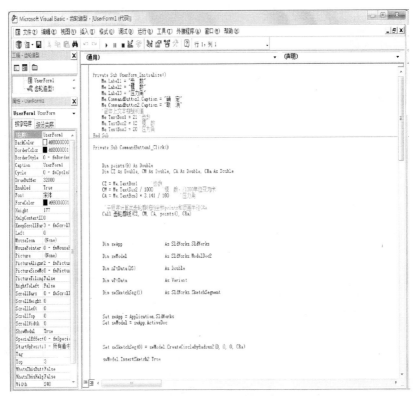

图 2.4 写入各控件的程序

4. 双击选择 VBA 右边的【工程资源管理器】中的 UserForm1,选择【运行】/【运行子过程/用户窗体】命令,将执行上面的程序代码,出现运行中的窗体,如图 2.5 所示。

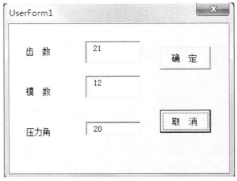

图 2.5 参数编辑框

5. 根据需要修改窗体中的参数,单击"确定"按钮,就可以得到不同的齿轮廓线。

2.3 外齿轮建模

(1)运行 SolidWorks 软件,新建一个零件文件,以文件名"齿轮1"保存。

(2)选择【工具】/【宏】/【编辑】命令,打开程序"齿轮造型.swp",出现图 2.6 所示的 VBA 界面。

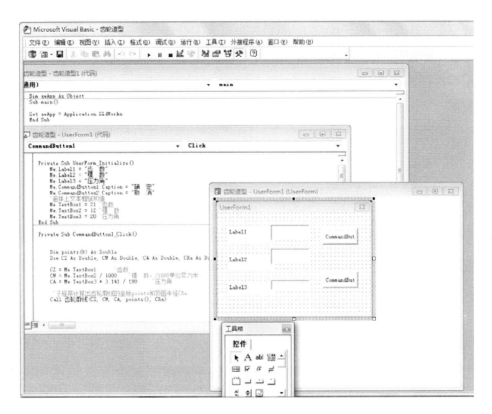

图 2.6 VBA 程序运行界面

（3）单击【运行】命令按钮，将执行程序代码，在 SolidWorks 界面出现运行中的窗体。齿数填写 42，模数填写 12，压力角填写 20，单击"确定"按钮，在 SolidWorks 的窗体中绘制两个草图，如图 2.7 所示。单击取消按钮，退出 VBA 的运行。图 2.7 中 1 是齿轮顶圆，2 是一个齿轮的齿槽轮廓曲线。

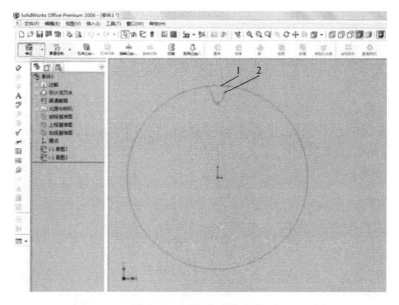

图 2.7　齿槽、齿定轮廓线

（4）单击"特征"按钮，启动特征编辑，对齿顶圆草图拉伸，厚度为齿轮厚度，这里取 80mm，对齿槽轮廓拉伸切除，得到一个齿轮的三维齿槽造型，如图 2.8 所示。

（5）单击"圆周阵列"按钮，对齿槽进行圆周阵列，阵列数目为齿轮的齿数 42。

（6）在齿轮端面绘制草图 1，具体尺寸如图 2.9 所示。然后用特征工具栏中的"拉伸切除"工具对草图进行拉伸切除，切除深度为 15mm。

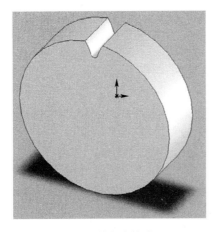

图 2.8 单个齿槽造型

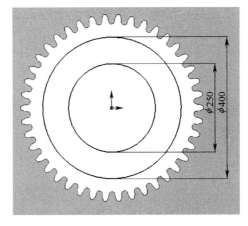

图 2.9 草图 1

（7）在齿轮端面绘制草图 2，具体尺寸如图 2.10 所示。

（8）单击草图工具栏中的"镜向实体"按钮，对草图 2 进行"镜向"处理，得到六个圆孔，然后对六个圆进行拉伸切除处理，深度为完全贯穿。

（9）在齿轮端面插入草图 3，绘制轴孔，具体尺寸如图 2.11 所示。

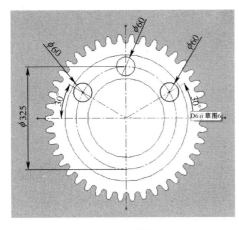

图 2.10 草图 2

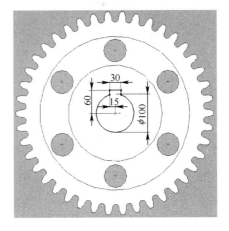

图 2.11 轴孔草图 3

（10）单击特征工具栏中的"拉伸切除"按钮，对草图 3 进行拉伸切除，最后的到完整的齿轮 1 的模型，如图 2.12 所示。

（11）新建一个文件"齿轮2"，建模方法同上，齿数设为21，齿轮三维模型如图2.13所示。

图 2.12   齿轮 1 三维模型

图 2.13   齿轮 2 三维模型

2.4   圆锥齿轮建模

（1）新建一个零件文件"锥形齿轮"，以前视基准面为草图绘制平面。绘制旋转草图，如图2.14所示。

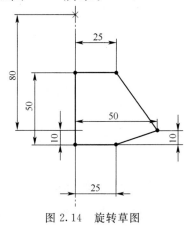

图 2.14   旋转草图

（2）将草图进行特征旋转，如图 2.15 所示。

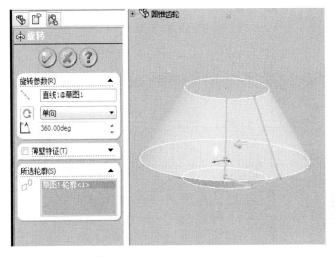

图 2.15　特征旋转

（注：本书图中的单位"deg"即为文中的度（°），单位"sec"即为文中的秒（s），单位"newton"即为文中的牛（N）。）

（3）添加图 2.16 所示的基准面，然后在基准面上绘制图 2.17 所示的齿槽轮廓。

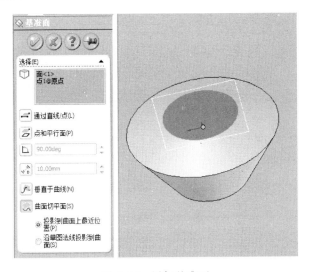

图 2.16　添加基准面

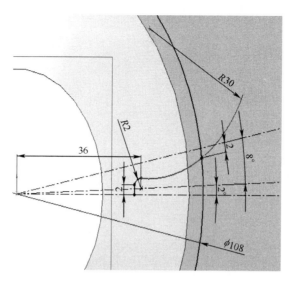

图 2.17   齿廓草图

（4）对齿槽轮廓镜像处理，然后拉伸切除，如图 2.18 所示。

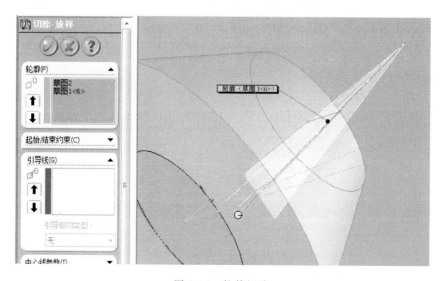

图 2.18   拉伸切除

（5）对形成的齿槽进行圆周阵列，设置参数如图 2.19 所示。

（6）以齿轮大端为基准面，绘制轴孔草图，如图 2.20 所示。在图

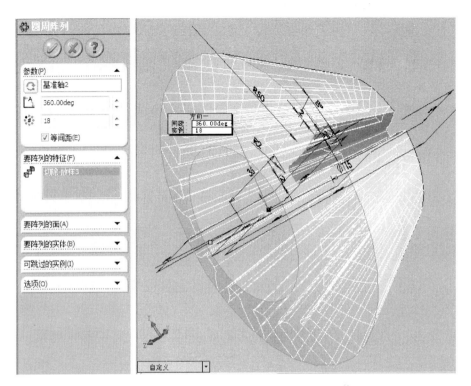

图 2.19　圆周阵列

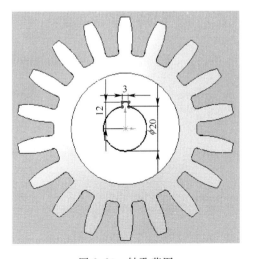

图 2.20　轴孔草图

2.21 中设置拉伸切除参数,单击 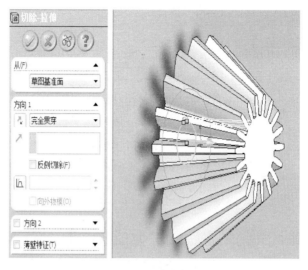 完成齿轮的拉伸切除命令。

图 2.21　拉伸切除

（7）单击"保存",完成圆锥齿轮建模。圆锥齿轮三维造型如图 2.22 所示。

图 2.22　圆锥齿轮模型

2.5　蜗轮蜗杆建模

蜗轮蜗杆传动用于传递空间交错轴之间的回转移动,主要传动零件是蜗杆和蜗轮。常用的蜗杆主要是阿基米德蜗杆,而蜗轮的齿形为渐开线。蜗杆传动的齿体部分曲面比较复杂,是建模的难点。

2.5.1　蜗杆建模

阿基米德蜗杆其螺旋面的形成与螺纹的类似,可由一梯形截面绕螺旋线扫描而成。通过蜗杆轴线并与蜗轮轴线垂直的平面称为中间平面,则阿基米德蜗杆和蜗轮在中间平面上是直齿条与渐开线齿轮的啮合。

建立蜗杆零件模型时,绘制一条以齿顶圆为基圆的扫描螺旋线,然后以该螺旋线为端点建立基准面。在此基准面上绘制齿槽截面轮廓形状,最后将其沿螺旋线扫描切除形成。

1. 蜗杆传动轴简介

通常由于蜗杆径向尺寸小,将蜗杆和轴制成一体,称为蜗杆轴。图 2.23 是一级蜗杆减速器中蜗杆传动轴的结构,该蜗杆轴由不同直径的轴段、倒角和键槽等组成,其中键槽尺寸为 8mm×36mm。

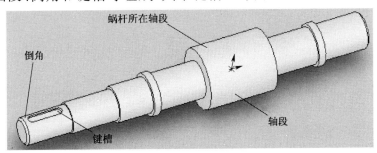

图 2.23　蜗杆传动轴的结构

2. 蜗杆传动轴建模方法

（1）新建一个零件文件，以文件名"齿轮 1"保存。

（2）选择"前视基准面"为草图绘制平面，绘制的草图如图 2.24 所示。

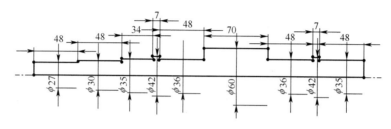

图 2.24　蜗杆传动轴草图

（3）单击特征工具栏上的"旋转凸台/基体"按钮，将草图旋转 360°，生成轴。

（4）单击"参考几何体"工具栏上的"基准面"按钮。在"上视基准面"上方 13.5mm 处，建立一个新基准面。

（5）在新建的"基准面 1"上绘制键槽截面草图轮廓，如图 2.25 所示。

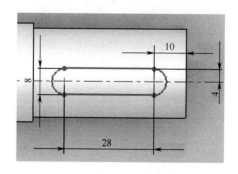

图 2.25　键槽的草图轮廓

（6）将键槽截面进行"拉伸切除"，深度为 4mm。

（7）单击特征工具栏上的"倒角"按钮，在轴左、右端插入 45°，深度为 2mm 的倒角。

3. 蜗轮轴模型

蜗轮轴模型如图 2.26 所示,具体建模方法同蜗杆传动轴。

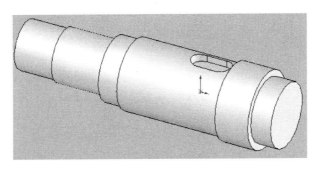

图 2.26 蜗轮轴

4. 蜗杆的几何参数

图 2.27 所示为一级蜗杆减速器中的蜗杆结构,该蜗杆由蜗杆齿形、倒角等组成。蜗杆参数:模数 $m=5$,头数 $z=1$,蜗杆直径系数 $q=10$,厚度 $b=70$mm,压力角 $\alpha=20°$,齿顶高系数 $h_a^*=1$,顶隙系数 $c_n^*=0.25$。

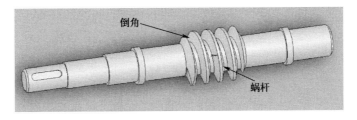

图 2.27 蜗杆的三维模型

利用上述蜗杆基本参数,计算出蜗杆的几何特征参数如下:

分度圆直径:$d_1=mq=50$mm;基圆直径:$d_b=d_1\times\cos\alpha=46.98$mm;

齿顶圆直径:$d_{a1}=d_1+2mh_a^*=60$;齿根圆直径:$d_{f1}=d_1-2m(h_a^*+c^*)=37.5$;

齿厚和齿槽宽:$s=e=\pi m$。

5. 蜗杆的建模方法

（1）启动 SolidWorks,打开前面创建的"蜗杆轴"文件。

（2）选取凸台的右端面为草图绘制平面,启动草图。选择绘制平面内最大圆边线,单击"草图"工具栏上的"转换实体引用"按钮,实现实体转换。

（3）选择【插入】/【曲线】/【螺旋线/涡状线】命令,设置弹出"螺旋线/涡状线"属性管理器,如图 2.28 所示。

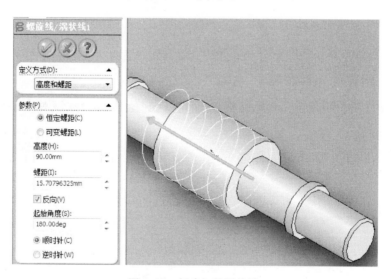

图 2.28　创建扫描螺旋线

（4）单击"参考几何体"工具栏上"基准面"按钮,视图窗口左栏出现"基准面"属性管理器,单击"垂直于曲线"按钮,并选中"将原点设在曲线上"复选框,然后单击"选择实体"选择框,选择上一步所创建的螺旋线。单击"确定"按钮,完成基准面创建。

（5）选择新创建的"基准面 1"作为草图绘制平面,绘制图 2.29 所示的齿槽轮廓曲线,绘制时只考虑齿槽曲线的形状不要在意其大小。

（6）分别在图形区域单击图 2.29 所示的齿槽上的点 1、2、3,在弹

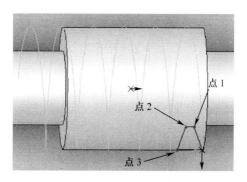

图 2.29　齿槽曲线形状绘制

出的"点"属性管理器,修改三个点的坐标参数:点 1(4.09466514,
−11.25),点 2(8.30894443,−11.25),点 3(12.4036956,0.00)。

(7) 单击"特征"工具栏上的"扫描—切除"命令按钮,设置弹出的
"扫描—切除"属性管理器,如图 2.30 所示。单击✅按钮,完成扫描切
除操作。

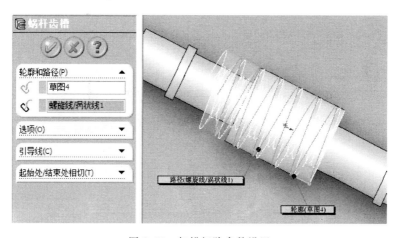

图 2.30　扫描切除参数设置

(8) 选取"上视基准面"为草图构图平面,绘制图 2.31 所示的
草图。

(9) 单击"特征"工具栏上的"旋转—切除"按钮,设置弹出的"切

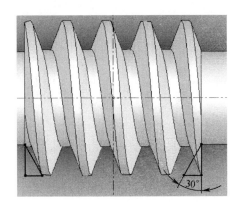

图 2.31　镜向草图实体

除—旋转"属性管理器,如图 3.32 所示。以文件名"蜗杆"保存,完成
蜗杆零件建模。

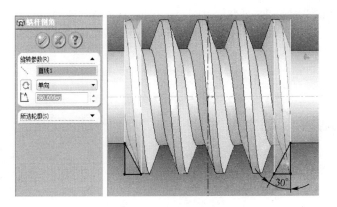

图 2.32　旋转切除倒角

2.5.2　蜗轮建模

1. 蜗轮几何参数

图 2.33 所示为一级蜗杆减速器中蜗轮的结构,蜗轮参数:模数 $m=5$,齿数 $z=40$,拉伸厚 $b=40\text{mm}$,螺旋角 $\beta=5.71°$,法面压力角 $\alpha_n=20°$,法面齿顶高系数 $h_{an}^*=1$,法面顶隙系数 $c_n^*=0.25$。

利用上述蜗轮的基本参数,计算出蜗轮的几何特征参数如下:

分度圆直径:$d_2 = mz = 200$;基圆直径:$d_b = d_2 \cos\alpha$;

齿顶圆直径:$d_{a2} = d_2 + 2h_a^* m = 210$;齿根圆直径:$d_{f2} = d_2 - 2m(h_a^* + c^*)$;

蜗轮外直径:$d_{e2} = d_{a2} + m = 215$;蜗轮咽喉母圆半径:$r_{g2} = a - d_{a2}/2 = 20$。

2. 蜗轮的建模方法

(1)新建一个"零件"文件,选择"右视基准面"为草图绘制平面,绘制图2.34所示的草图。

图2.33 蜗轮的三维立体模型

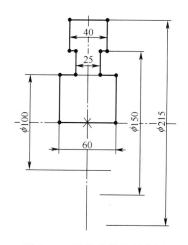

图2.34 蜗轮基体旋转草图

(2)单击"特征"工具栏的"旋转凸台/基体"按钮,选择水平中心线为旋转轴,单击"确定",完成旋转特征。

(3)在 FeatureManager 设计树中选择"上视基准面"为草图绘制平面,绘制图2.35所示的草图。

(4)单击"特征"工具栏上的"旋转切除"按钮,将竖直中心线设为旋转轴,单击 "确定"按钮,完成切除特征。

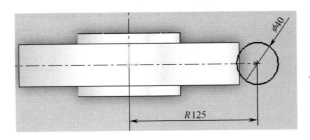

图 2.35　咽喉母圆草图

（5）在设计树中选择"右视基准面"为草图绘制平面，绘制图 2.36
所示的草图。

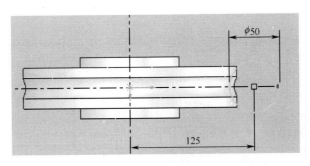

图 2.36　圆草图

（6）选择【插入】/【曲线】/【螺旋线/涡状线】命令，设置弹出的"螺
旋线/涡状线"属性管理器，如图 2.37 所示，单击"确定"按钮，完成螺
旋线的创建。

（7）单击"参考几何体"工具栏上的"基准面"按钮，弹出"基准面"
属性管理器，在"等距距离"微调框中输入距离为"125mm"，单击"确
定"按钮，完成基准面的创建。

（8）选择新创建的"基准面 1"作为草图绘制平面，绘制草图，如图
2.38 所示。

（9）单击"草图"工具栏上的"点"按钮，绘制齿槽轮廓上五个点，
左边分别为（2.289384，−31.0586303）、（2.665814，−28.8615432）、

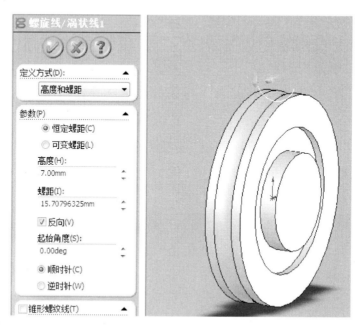

图 2.37 创建扫描螺旋线

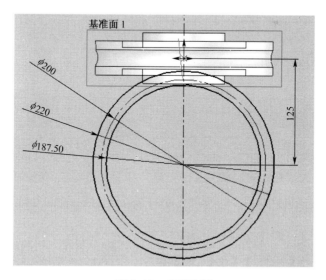

图 2.38 草图绘制

$(3.320912, -26.6745081)$、$(4.168718, -24.4987156)$、$(5.180672,$

—22.33678)。

（10）单击"样条曲线"按钮,依次单击图形区域所绘制的五个点,然后单击"确定"按钮,如图 2.39 所示。

（11）单击"延伸"按钮,单击样条曲线两端以延伸样条曲线。

（12）单击"镜向"按钮,出现"镜向"属性管理器。选中"复制"复选框,单击"镜向"属性管理器的"要镜向的实体"选择框,在图形区域选择样条曲线,单击"镜向点"选择框,在图形区域选择竖直中心线为镜向线。单击"确定"按钮。

（13）单击"剪裁"按钮,在"剪裁"属性管理器中单击"剪裁到最近段"按钮,裁剪草图成齿槽形状,单击"确定"按钮,完成草图实体剪裁操作,如图 2.40 所示。

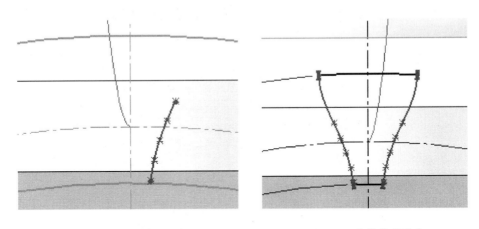

图 2.39　绘制样条曲线　　　　　　图 2.40　齿槽轮廓形状

（14）单击"特征"工具栏上的"扫描切除"按钮,设置"扫描—切除"属性管理器,如图 2.41 所示。

（15）选择【视图】/【临时轴】命令,在图形区域显示旋转的临时轴;单击"特征"工具栏上的"圆周阵列"按钮,将"上述扫描切除特征"等距阵列 40 个。完成特征阵列。

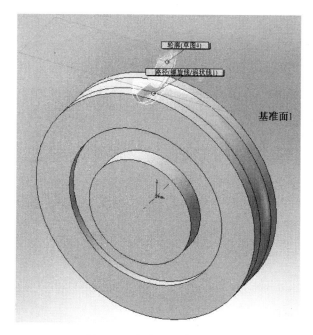

图 2.41　扫描切除参数设置

（16）以"蜗轮轴部"左端面为草图绘制基准面,启动草图绘制。使用"圆"、"直线"和"剪裁"工具绘制命令,绘制轴孔。

（17）单击"特征"工具栏上的"拉伸切除"按钮,选择终止条件为"完全贯穿",单击确定按钮,完成拉伸切除特征,生成完整蜗轮,以文件名"蜗轮"保存。

2.6　周转轮系零件建模

2.6.1　内齿圈建模

（1）新建一个零件文件"中心轮 2",运行程序"齿轮造型 .swp",填写齿数 $z_3 = 80$,模数 $m = 4mm$,压力角 $\alpha = 20°$。绘制了一个圆和齿槽轮廓。

（2）右击 FeatureManager 设计树上的草图 2，切换到编辑状态，选择工具草图绘制工具移动命令，用鼠标选择整个齿槽轮廓，填写移动距离为 320mm。这里，齿槽轮廓向下移动为分度圆直径 $d = z_3m = 80 \times 4 = 320$，如图 2.42 所示。

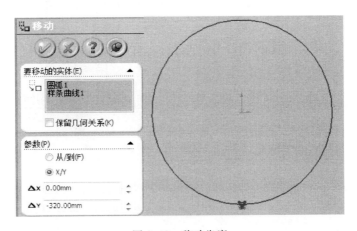

图 2.42　移动齿廓

（3）将草图 1 的圆进行编辑，标注直径修改为 360mm，得到内齿轮的外圆，然后拉伸成厚度为 40mm 的柱体，在柱体中心添加一个基准轴。将草图 2 的齿槽轮廓拉伸切除该圆柱体，然后将该拉伸切除特征绕基准轴圆周阵列 80 个，如图 2.43 所示。

（4）在柱体端面插入一个草图，绘制一个圆，如图 2.44 所示。然后拉伸切除该圆，就得到了内齿轮造型，如图 2.45 所示。

2.6.2　行星架建模

新建一个零件文件"行星架"，根据两齿轮中心距公式，中心轮 1 和行星轮的中心距为 4(40＋20)/2＝120mm。绘制草图如图 2.46 所示。

退出草图，拉伸厚度为 10mm，就得到了行星架，如图 2.47 所示。

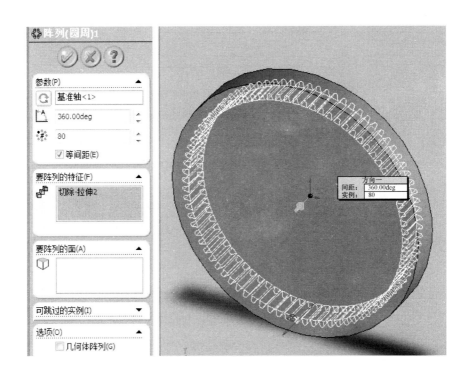

图 2.43　圆周阵列

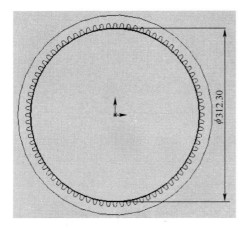

图 2.44　拉伸切除草图

图 2.45　中心轮 2

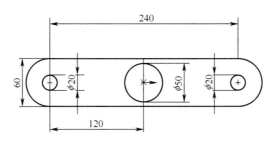

图 2.46　行星架草图

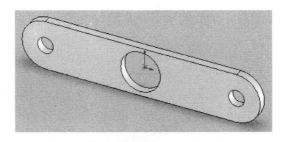

图 2.47　行星架

2.6.3　中心轮和行星轮建模

中心轮和行星轮的齿数分别为 40 和 20,如图 2.48 和图 2.49 所示。建模方法同外齿轮建模一样,不再详述。

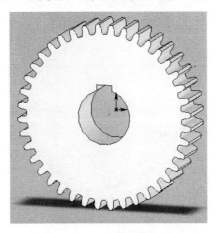

图 2.48　中心轮 1

图 2.49　行星轮

2.7　齿轮虚拟装配

2.7.1　虚拟装配的概念

狭义地说，装配就是把几个零部件装在一起形成一台机器或一个部件的过程。广义地说，装配存在于产品周期的全过程，它始于产品设计之初，直至产品报废才结束。进行产品设计，开始就应该考虑产品的各零部件之间的装配关系，例如，模数不同，压力角不同的两个齿轮不能啮合，它们之间就不具有装配关系，在一台机器使用过程中随着磨损的加剧，某些零件之间就会松动，零件之间的装配关系就发生了变化。

虚拟装配是近几年才提出的一个全新的概念，是虚拟现实(Virtual Reality，VR)技术和装配技术相结合的产物，它将虚拟现实技术作为辅助工具应用于装配技术研究。

虚拟装配是指通过计算机对产品装配过程和装配结果进行分析和仿真，评价和预测产品模型，做出与装配相关的工程决策，而不需要实际产品作支持。随着社会的发展，虚拟制造成为制造业发展的重要方向之一，而虚拟装配技术作为虚拟制造的核心技术之一也越来越引人注目。虚拟装配的实现有助于对产品零部件进行虚拟分析和虚拟设计，有助于解决零部件从设计到生产所出现的技术问题，以达到缩短产品开发周期，降低生产成本以及优化产品性能等目的。

2.7.2　虚拟装配设计

SolidWorks 设计装配体提供了自下而上和自上而下两种装配方法，这两种方法可以单独使用，也可以结合起来使用。

　　自下而上设计法是非常传统的设计方法。它先将所有零部件一一创建出来,然后将它们插入到装配体中,最后根据设计要求建立一定的配合或约束关系,将它们组装起来。当设计者使用以前生成的不在线的零件时,自下而上的设计方法是首选的方法。这种设计方法的另一个优点是零部件都是单独设计的,与自上而下的设计方法相比,他们的相互关系及重建行为更为简单。使用自下而上设计法可以让设计者专注于单个零件的设计工作。当设计者不需要建立控制零件大小和尺寸的参考关系时(相对于其它零件),此方法较为适用。

　　自上而下设计法是一种演绎设计方法。它是从装配体中开始设计工作的,这是与自下而上设计法的不同之处。设计者可以使用一个零件的几何体来帮助定义另一个零件,或生成组装零件后再添加一些加工特征。设计者可以将布局草图作为设计的开端,定义固定的零件位置、基准面等,然后参考这些定义来设计零件。这种设计方法的优点是在设计零件时可以互相参考外形,减少了设置配合条件和约束关系等麻烦。

　　在实际的装配体零件设计中,往往是将自下而上和自上而下这两种方法结合起来使用,这样可以综合这两种设计方法的优点,使设计更为简单,设计效率更高。

2.7.3　齿轮啮合条件

　　相互啮合的两个齿轮的模数相等:$m_1 = m_2$。
　　相互啮合的两个齿轮的压力角相等:$\alpha_1 = \alpha_2$。

2.7.4　齿轮装配方法

　　(1) 新建一个"装配体"文件,以文件名"齿轮装配体"保存。
　　(2) 单击转配体工具栏上的插入零部件按钮 ,将前面完成的零件齿轮 1 添加进来两次,齿轮 2 添加进来一次。

（3）单击 配合 按钮,将三个齿轮进行端面相互重合配合。

（4）单击"标准"工具栏上的"视图"按钮,选择临时轴按钮 ,给三个齿轮分别添加一个基准轴。根据两齿轮中心距公式,大齿轮和小齿轮的中心距为 12(21+42)/2=378mm,给大、小两齿轮的基准轴添加一个距离配合,距离为 378mm。单击"装配体"工具栏上的配合按钮 配合,弹出"配合"属性管理器。单击要配合的实体选择框 ,分别选择一对大小齿轮的基准轴,在"等距距离"微调框中输入距离为 378mm,如图 2.50 所示。

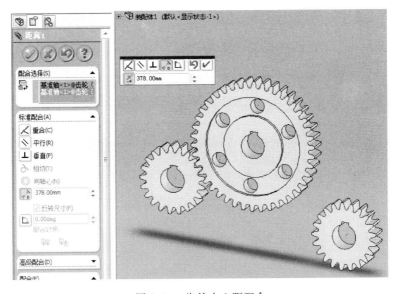

图 2.50　齿轮中心距配合

同理在另一对大、小齿轮的基准轴中也添加 378mm 的距离配合。

（5）分别在大小两齿轮的轴孔间添加高级配合中的齿轮配合,比率为齿数比,如图 2.51 所示。

（6）用鼠标将齿轮啮合部分调节为基本处于啮合状态即可,当进行三维碰撞仿真时,会自动调节为良好的相切啮合状态。装配完毕

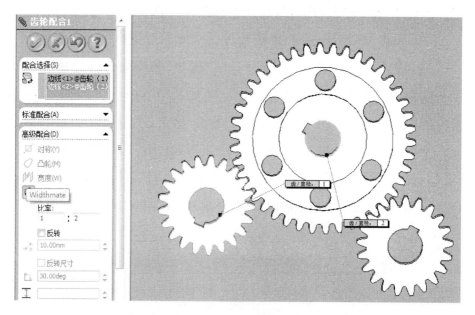

图 2.51　齿轮高级配合

后,配合关系如图 2.52 所示。

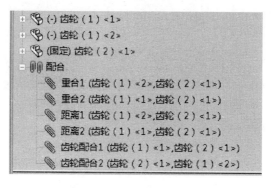

图 2.52　齿轮系配合关系

2.7.5　齿轮干涉检查

(1) 打开已经完成的"齿轮装配体"文件。

(2) 单击"干涉检查"按钮,在弹出的"干涉检查"属性管理器中,单击"计算按钮,干涉结果会显示在"结果"列表中,并在图形区显示干涉区域,图 2.53 为"齿轮装配体"的干涉检查,检查结果为无干涉。

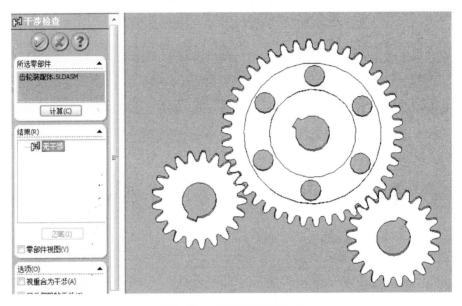

图 2.53　齿轮系统干涉检查

2.8　齿轮周转轮系装配

2.8.1　齿轮工作原理

图 2.54 所示的周转轮系由两个中心轮和两个行星轮和行星架组成,中心轮 2 是一个内齿轮,行星轮既绕自身轴线自转,又绕中心轮轴线公转。当一个中心轮与机架固定在一起时,机构有一个自由度,称行星轮系。当两个中心轮都运动时,机架具有两个自由度,称为差动轮系。

2.8.2　装配方法

(1)选择文件新建装配体命令,建立一个新装配体文件,以文件

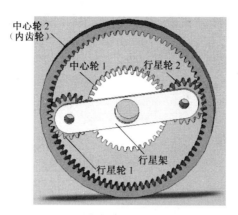

图 2.54　周转轮系装配体

名"周转轮系装配体"保存该文件。

（2）将前面完成的零件中心轮 1、中心轮 2、行星轮、行星架添加进来。

（3）中心轮 1 和中心轮 2 进行端面重合配合，小中心轮 1 轴孔与大中心轮 2 外圆柱面同轴心配合，如图 2.55 所示。

（4）行星架与中心轮 1 端面重合配合，行星架轴孔与中心轮 1 的轴孔同轴心配合，如图 2.56 所示。

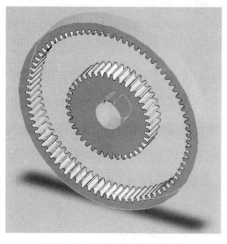

图 2.55　两齿轮同轴心配合

图 2.56　行星架与齿轮同轴心配合

　　(5)行星轮与中心轮2端面重合配合,如图2.57所示。行星轮与行星架同轴心配合如2.58所示。再次添加一个行星轮进来,进行相同配合。

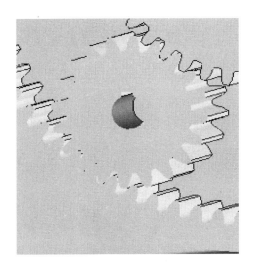

图2.57　重合配合

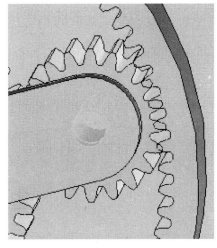

图2.58　行星轮与行星架同轴心配合

装配完毕如图2.54所示,配合关系如图2.59所示。

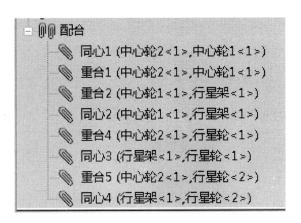

图2.59　周转轮系配合关系

2.8.3 爆炸图制作

装配体中的爆炸视图就是将装配体中的各零部件沿着直线或坐标轴移动,是各个零部件从装配体中分解出来,如图 2.60 所示。爆炸视图对于表达各零部件的相对位置十分有帮助,因而常常用于表达装配体的装配过程。图 2.61 所示为"爆炸"窗口,说明如下:

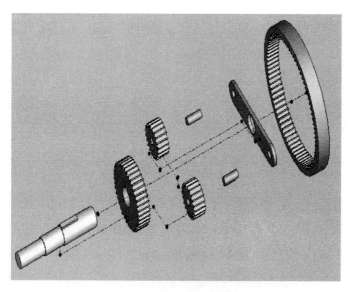

图 2.60　周转轮系的爆炸视图

爆炸步骤(S) 区域中只有一个文本框,用来记录爆炸零件的所用步骤。

设定(T) 区域用来设置关于爆炸的参数:

(1) 文本框用来显示要爆炸的零件。单击激活此文本框后,选取要爆炸的零件。

(2) 单击 ,可以改变爆炸方向的正负,该按钮后的文本框用来显示爆炸的方向。

(3) 在 后的文本框中输入爆炸的距离值。

（4）单击 应用(P) 按钮后，将储存当前爆炸步骤。

（5）单击 完成(D) 按钮后，完成当前爆炸步骤。

选项(O)区域提供了自动爆炸的相关设置：

（1）选中 ☑拖动后自动调整零部件间距(A) 复选框后，所选零件将沿轴心自动均匀地分布。

（2）调节 ⫶ 后的滑块可以改变通过 ☑拖动后自动调整零部件间距(A) 爆炸后零部件之间的距离。

（3）选中 ☑选择子装配体的零件(B) 复选框后，可以选择子装配体中的单个零部件；清除此选项，只能选择整个子装配体。

（4）单击 重新使用子装配体爆炸(R) 按钮后，可以使用所选子装配体中已经定义的爆炸步骤。

图 2.61　爆炸属性管理器

2.9　蜗轮蜗杆装配

2.9.1　工作性质

蜗杆传动是齿轮传动的一种，主要用于交错轴间传递运动和动力。最常用的是两轴交错角为 $90°$ 的减速传动。与其它传动齿轮相比，蜗杆传动传动比大，传动平稳可靠，噪声小，可实现反向自锁。但是由于蜗杆传动属于滑动摩擦且速度较大，因而传动效率低。

2.9.2　装配方法

（1）新建一个装配体文件。

（2）单击"参考几何体"工具栏上的"基准轴"按钮,弹出"基准轴"属性管理器。单击"两平面"按钮,在 FeatureManager 设计树中选择"右视基准面"和"上视基准面"作为参考实体。单击"确定"按钮,完成"基准轴1"的创建。

（3）单击"参考几何体"工具栏上的"基准面"按钮,弹出"基准面"属性管理器。在 FeatureManager 设计树中选择"上视基准面"作为参考实体,单击"等距实体"按钮,设置距离为125mm,单击"确定"按钮。

（4）单击"参考几何体"工具栏上的"基准轴"按钮,弹出"基准轴"属性管理器。单击"两平面"按钮,在 FeatureManager 设计树中选择"基准面1"和"前视基准面"作为参考实体。单击"确定"按钮,完成"基准轴2"的创建。

（5）单击"装配体"工具栏上的"插入零部件"按钮,弹出"插入零部件"属性管理器,单击"浏览"按钮,选择"蜗杆"文件,单击"确定"按钮,完成蜗杆的插入。

（6）移动鼠标指针到 FeatureManager 设计树中的"（固定）蜗杆"上,然后右击,在弹出的空间菜单中选择"浮动"命令,将蜗杆设置为不固定状态。

（7）单击"装配体"工具栏上的"插入零部件"按钮,弹出"插入零部件"属性管理器,单击"浏览"按钮,选择"蜗轮"文件,单击"确定"按钮,完成蜗轮的插入。

（8）单击"装配体"工具栏上的"插入零部件"按钮,弹出"插入零部件"属性管理器,单击"浏览"按钮,选择"蜗轮轴"文件,单击"确定"

按钮,完成蜗轮轴的插入。

(9) 单击"装配体"工具栏上的"配合"按钮,弹出"配合"属性管理器。单击"要配合的实体"选择框,在图形区域选择"蜗杆"零件上的"轴线"和"基准轴 2",选择"重合"配合,单击"确定"按钮,完成重合关系的添加。

(10) 单击"装配体"工具栏上的"配合"按钮,弹出"配合"属性管理器。单击"要配合的实体"选择框,在 FeatureManager 设计树中选择"蜗杆"零件上的"右视基准面"和装配体文件中的"右视基准面",选择"重合"配合,单击"确定"按钮,完成重合关系的添加。

(11) 单击"装配体"工具栏上的"配合"按钮,弹出"配合"属性管理器。单击"要配合的实体"选择框,在图形区域选择"蜗轮"零件上的"轴线"和"基准轴 1",选择"重合"配合,单击"确定"按钮,完成重合关系的添加。

(12) 单击"装配体"工具栏上的"配合"按钮,弹出"配合"属性管理器。单击"要配合的实体"选择框,在 FeatureManager 设计树中选择"蜗轮"零件上的"前视基准面"和装配体文件中的"前视基准面",选择"重合"配合,单击"确定"按钮,完成重合关系的添加。

(13) 将蜗轮轴与蜗轮添加"同轴心"和端面重合配合。

(14) 单击"配合"属性管理器上的"确定"按钮,完成配合关系的添加,如图 2.62 所示。以文件名"蜗轮与蜗杆装配体"保存。

2.9.3　干涉检查

(1) 打开已完成的"蜗轮与蜗杆装配体"

(2) 单击"特征"工具栏上的"干涉检查"按钮,在属性管理器中选择"计算"蜗杆蜗轮装配体的干涉,如图 2.63 所示。

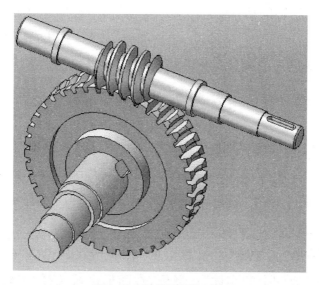

图 2.62　蜗杆蜗轮装配体

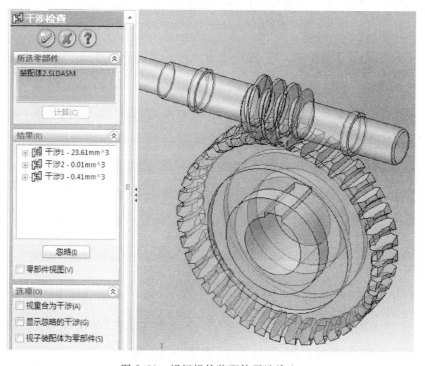

图 2.63　蜗杆蜗轮装配体干涉检查

（3）结果分析：用渐开线沿螺旋线建立螺旋扫描切除特征、建立蜗轮的齿槽是不正确的方法，如果是这样，那么在蜗杆和蜗轮的配合时就会产生严重的干涉现象。其实，在蜗轮齿宽的范围内，所有垂直于蜗轮轴线的剖面内都是一条一条压力角不相同的渐开线，使用实体造型的方法是不能够建立蜗轮的齿槽的，必须使用曲面造型的方法才能够建立蜗轮的齿槽。正确的方法是建立一些压力角不相同的渐开线（在主剖面内的那条渐开线的压力角当然就是 20°），使用曲面造型的"双向放样"的方法建立蜗轮的齿槽曲面，使用齿槽曲面切除蜗轮的圆柱体建立蜗轮的一个齿槽，再使用圆周阵列曲面切除特征就能够完成蜗轮的建模。

2.10　齿轮运动仿真分析

SolidWorks 是基于 Windows 环境的特征化三维实体造型软件，其中与之实现无缝集成的 COSMOSMotion 插件更是一个全功能的运动仿真软件，它可以对复杂机构进行完整的运动学和动力学仿真，得到系统中各个零部件的运动情况，包括能量、动量、位移、速度、加速度、作用力与反作用力等结果，并能以动画、图表、曲线等形式输出；还可以将零部件在复杂运动情况下的载荷情况直接输出到主流有限元分析软件中，从而进行正确的结构强度分析。

COSMOSMotion 安装后，在菜单中会出现【运动】菜单项，在设计树上面出现 Motion 运动分析图标按钮 ，首先打开前面完成的"齿轮装配体"，然后选择 图标按钮，按住 Ctrl 键，选择三个齿轮后鼠标单击右键，选择【运动零部件】命令，将它们都设置为可以运动的零件。

2.10.1　碰撞接触状态仿真

1. 添加约束

在运动分析之前,必须用各种运动副,如旋转副、移动副、球面副等将各零件连接起来。装配时添加的各种装配将自动映射为运动分析的约束,同时在绘图区,各约束的图标符号也将显示出来。

右击设计树中【零部件】下面的【齿轮 1-1】,选择【添加约束】/【旋转副】命令,出现图 2.64 所示的对话框,单击【选择第二个部件】栏,然后选择齿轮装配体;单击【选择位置】栏,用鼠标选择齿轮 1-1 的轴孔圆周,即选择齿轮轴的圆心作为旋转副的位置;单击【应用】按钮。用同样的方法给另外两个齿轮也分别添加一个旋转副。

图 2.64　添加旋转副

2. 添加驱动

右击设计树中的【约束】下面的 Joint,选择属性,对其进行参数设置,如图 2.65 所示。单击【应用】按钮,这样就给齿轮 1-1 添加了一个角速度为每秒 360°的驱动,齿轮 1-1 就成了原动件。

图 2.65 添加角速度驱动

3.3D 碰撞接触状态模拟

齿轮 1-1 带动齿轮 2-1 转动,齿轮 2-1 又带动齿轮 1-2 转动,实际情况是刚体之间的碰撞产生的。下面就对这种情况进行模拟。

右击【约束】/【碰撞】,选择【添加 3D 碰撞】命令,分别选择大齿轮和两个小齿轮,如图 2.66 所示,定义碰撞参数如图 2.67 所示,单击"应用"按钮。

4. 仿真结果分析

从模拟结果可以看出,初始状态如图 2.68 所示,中间状态如图 2.69 所示。从运行中可以看出个轮齿保持了很好的啮合状态,没有干涉或脱齿现象。

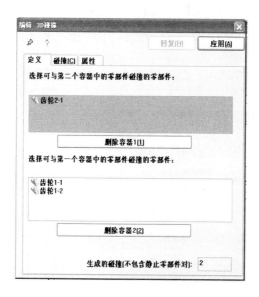

图 2.66   添加碰撞

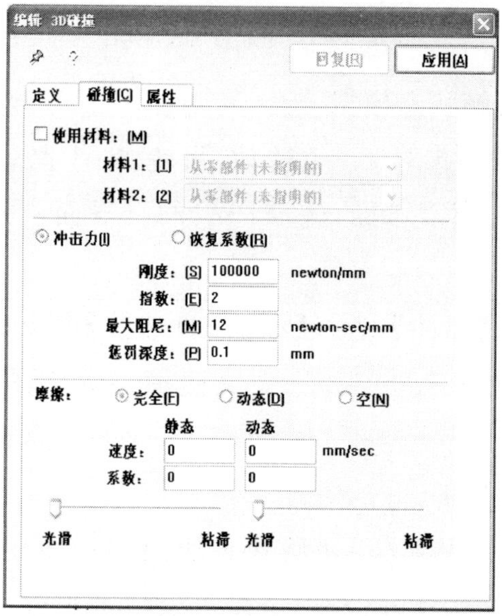

图 2.67   设置碰撞参数

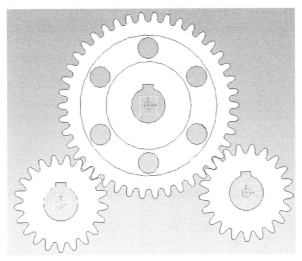

图 2.68 啮合初始状态

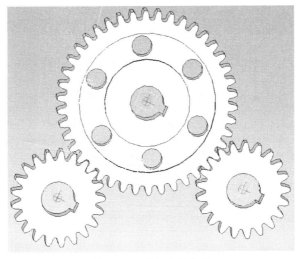

图 2.69 啮合中间状态

此时各轮角速度曲线如图 2.70、图 2.71、图 2.72 所示。齿轮 1-1 角速度应该为 $360°/s$,齿轮 2-1 角速度应该为 $180°/s$,齿轮 1-2 角速度应该为 $360°/s$。由于受碰撞的影响,实际结果是角速度并不是理论值,而且在理论值附近有一定范围的上下波动,这在一定程度上反映了齿轮的真实旋转情况。

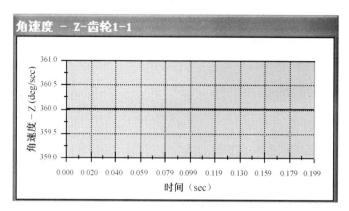

图 2.70　齿轮 1-1 角速度为理论值 $360°/s$

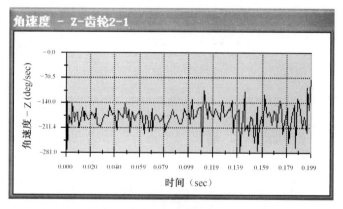

图 2.71　齿轮 2-1 角速度在理论值 $180°/s$ 附近波动

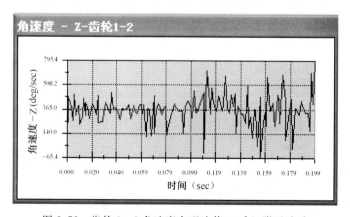

图 2.72　齿轮 1-2 角速度在理论值 $360°/s$ 附近波动

2.10.2　耦合运动仿真

1. 编辑耦合

在上面完成的装配图中,删除仿真结果,删除三维碰撞。

选择【编辑耦合】命令,在【何时约束】和【约束】栏分别选择设计树【约束】下面的 Joint 和 Joint2。齿轮 1-1 和齿轮 2-1 转动角度之比为两齿轮齿数的反比 42∶21。同样,齿轮 2-1 与齿轮 1-2 转动角度之比为 21∶42。设置耦合参数如图 2.73 和图 2.74 所示。

图 2.73　编辑耦合 1

图 2.74　编辑耦合 2

2. 仿真结果分析

耦合方式使齿轮按照传动比关系匀速转动,这是一种理想状态的运动模拟。这样模拟显示的各齿轮角速度曲线是与理论值基本一致的曲线,波动不明显,如图 2.75、图 2.76 和图 2.77 所示。

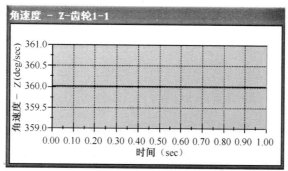

图 2.75　齿轮 1-1 角速度为理论值 360°/s

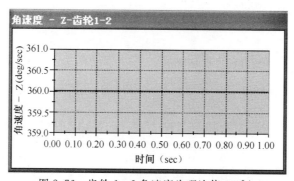

图 2.76　齿轮 1-2 角速度为理论值 360°/s

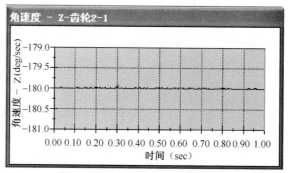

图 2.77　齿轮 2-1 角速度为理论值 180°/s,略有波动

2.11　周转轮系运动仿真

2.11.1　一个自由度行星轮系 3D 碰撞运动仿真

1. 添加约束

在设计树上选择运动分析图标 📎 ,设置中心轮 2 为"静止零部件",其余为"运动零部件"。设原动件为中心轮 1,输出构建为行星架。给中心轮 1 和中心轮 2 之间的旋转副添加一个运动,角速度为 $\omega_1 = 360°/s$。此时系统有一个自由度,是一个行星轮系。

2. 行星架角速度计算

根据行星轮系传动比计算公式: $(\omega_1 - \omega_H)/(\omega_3 - \omega_H) = -z_3/z_1$, $\omega_1 = 360°/s$, $\omega_3 = 0$, $z_3 = 80$, $z_1 = 40$,得到行星架角速度的理论值 $\omega_H = 120°/s$。

3. 添加 3D 碰撞

右击【约束】/【碰撞】,选择【添加 3D 碰撞】命令,分别设置中心轮 1 和两个行星轮、中心轮 2 和两个行星轮三维碰撞。定义 3D 碰撞参数,如图 2.78 所示,单击"应用"按钮。

4. 仿真结果分析

拖动各齿轮,使其处于准确的啮合位置。运动仿真后,由于齿轮之间的碰撞关系,将会自动调节为比较理想的啮合状态。仿真完成后,绘制各零件角速度曲线,中心轮 1 角速度如图 2.79 所示,角速度 $\omega_1 = 360°/s$,输出构件行星架角速度如图 2.80 所示,角速度在 $120°/s$ 附近波动。

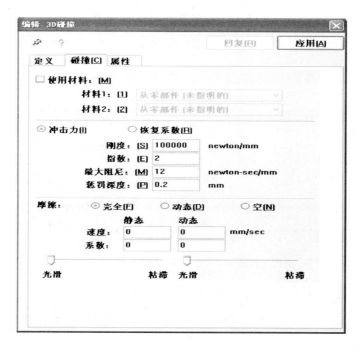

图 2.78 设置碰撞参数

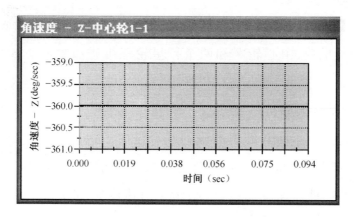

图 2.79 中心轮 1-1 角速度为理论值 360°/s

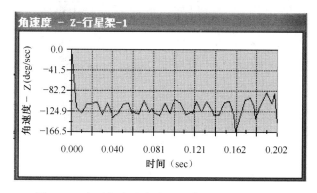

图 2.80　行星架角速度在理论值 120°/s 附近波动

2.11.2　两个自由度差动轮系 3D 碰撞运动仿真

1. 添加约束

在设计树上选择运动分析图标 $\mathscr{E}$，将所有零件都设为"运动零部件"。添加两个约束,使中心轮 1 和中心轮 2 分别与装配体之间用旋转副相连接,并且分别添加一个旋转运动,如图 2.81 所示。中心轮 1 和中心轮 2 为两个原动件,中心轮 1 角速度 $\omega_1 = 360°/s$,中心轮 2 角速

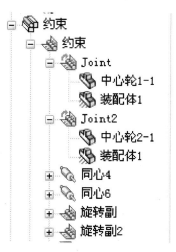

图 2.81　旋转副示意图

度 $\omega_3=120°/s$,输出构件为行星架。此时系统自由度为 2,是差动轮系。

2. 行星架角速度计算

根据行星轮系传动比计算公式:$(\omega_1-\omega_H)/(\omega_3-\omega_H)=-z_3/z_1$,$\omega_1=360°/s$,$\omega_3=120°/s$,$z_3=80$,$z_1=40$,得到行星架角速度的理论值 $\omega_H=200°/s$。

3. 仿真结果分析

仿真完成后,绘制各零件角速度曲线,中心轮 1 如图 2.82 所示,角速度为 $\omega_1=360°/s$;中心轮 2 如图 2.83 所示,角速度 $\omega_3=120°/s$;输出构件行星架如图 2.84 所示,角速度在 $200°/s$ 附近波动,仿真效果比较理想。

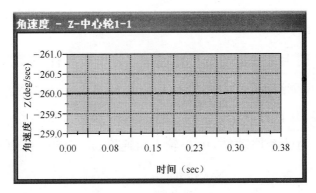

图 2.82　中心轮 1-1 角速度在理论值 $360°/s$ 附近波动

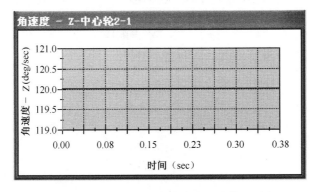

图 2.83　中心轮 2-1 角速度为理论值 $120°/s$

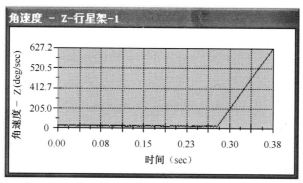

图 2.84 行星架角速度在理论值 $200°/s$ 附近波动

2.11.3 两个自由度差动轮系耦合运动仿真

三维碰撞接触状态仿真虽然比较真实地反映了轮系运转情况,但是仿真时间较长。如果根据齿轮的齿数用耦合的方式模拟轮系的运转,可以得到比较流畅、快速的运动效果。这里用具有两个自由度的差动轮系进行耦合运动模拟。

1. 添加约束

在上面完成的装配图中,删除仿真结果,删除三维碰撞。

2. 传动比计算

如果把行星架视为机架,所有齿轮相对于行星架转动,就是一个定轴轮系,各齿轮相对于行星架的角速度之比,等于其齿数的反比。这就是转化轮系计算周转轮系的概念。

(1)中心轮1相对于行星架的角速度:行星1相对于行星架的角速度。

$$(\omega_1 - \omega_H)/(\omega_2 - \omega_H) = -z_2/z_1 = -20/40$$

(2)中心轮1相对于行星架的角速度:行星2相对于行星架的角速度。

$$(\omega_1 - \omega_H)/(\omega_2 - \omega_H) = -z_2/z_1 = -20/40$$

(3)中心轮2相对于行星架的角速度:行星1相对于行星架的角

速度。

$$(\omega_3 - \omega_H)/(\omega_2 - \omega_H) = z_2/z_3 = 20/80$$

3. 添加耦合

检查约束,使中心轮 1、中心轮 2、行星轮 1、行星轮 2 都有与行星架组成的运动副,如果没有,则要添加旋转副,如图 2.85 所示。右击"耦合",选择"添加耦合",设置如图 2.86、图 2.87 和图 2.88 所示,分别对应于传动比计算中的三种情况。

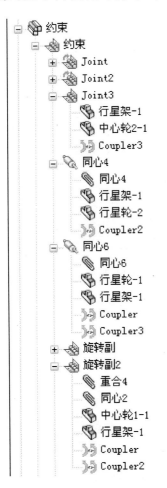

图 2.85　旋转副示意图

图 2.86　添加耦合 1

图 2.87　添加耦合 2

图 2.88 添加耦合 3

4. 仿真结果分析

轮系初始位置如图 2.89 所示,中间一个位置如图 2.90 所示,通过观察动画可以看出轮齿啮合正确,没有发生错位现象。

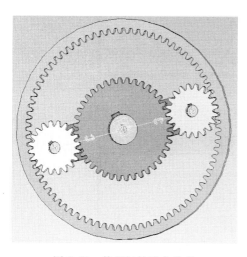

图 2.89 轮系初始啮合状态

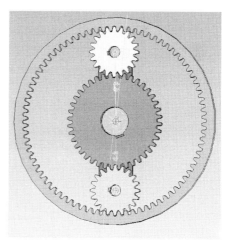

图 2.90 轮系中间啮合状态

中心轮和行星架速度如图 2.91、图 2.92 和图 2.93 所示,可见与理论计算值相同,没有出现波动,仿真效果比较理想。

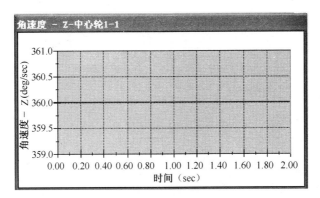

图 2.91　中心轮 1-1 角速度为理论值 360°/s

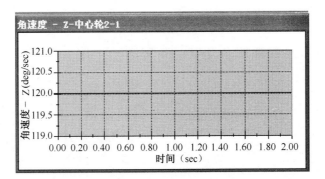

图 2.92　中心轮 2-1 角速度为理论值 120°/s

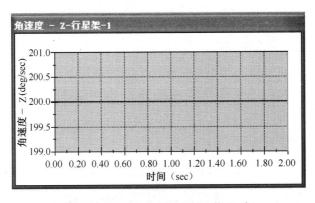

图 2.93　行星架角速度为理论值 200°/s

2.12　制作仿真动画

在每一次仿真结束后,选择工具栏上的 按钮,如图 2.94 所示,可以自行设置仿真时间,然后选择保存,仿真结果就以动画格式输出。此处不再详述。

图 2.94　COSMOSMotion 仿真工具栏

第三章　一级齿轮减速器建模与仿真

3.1　一级齿轮减速器的工作原理

　　一级圆柱齿轮减速器是通过装在箱体内的一对啮合齿轮的转动，动力从一轴传至另一轴实现减速。当电机的输出转速从主动轴输入后，带动小齿轮转动，而小齿轮带动大齿轮运动，由于大齿轮的齿数比小齿轮多，大齿轮的转速比小齿轮慢，再由大齿轮的轴（输出轴）输出，从而起到输出减速的作用。由于传动比 $i = n_1/n_2$，则从动轴的转速 $n_2 = z_1/z_2 \times n_1$。

3.2　一级齿轮减速器的轴的建模

3.2.1　轴的设计思路与实现方法

　　轴主要使用"旋转"、"拉伸"、"圆角"和"倒角"等命令实现。首先画出轴体部分的草图，然后再利用"拉伸"命令绘制成实体，利用"拉伸切除"命令画出键槽；利用"圆角"和"倒角"命令完成轴的实体的绘制。

3.2.2　轴的设计过程

　　1. 新建"轴.SLDPRT"文件

　　单击"文件"菜单中的新建命令，弹出"新建 SolidWorks 文件"对话框。单击"零件"按钮,再单击"确定"按钮,进入 SolidWorks 零件模块界面。单击"标准"工具栏中的"保存"按钮,弹出"另存为"对话框。在"文件名"文本框中输入"轴",单击"保存"按钮。

2. 实体绘制

1) 轴体部分绘制

(1) 选择前视基准面为草绘平面,使用"草图"工具栏中的"直线"和"智能尺寸"按钮,绘制图 3.1 所示的草图。单击"退出草图"按钮,完成草图绘制。

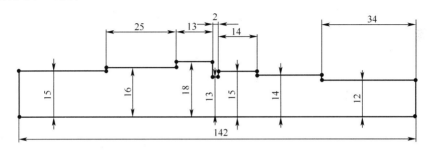

图 3.1　轴草图设计

(2) 单击"特征"工具栏中的"旋转凸台/基体",在"旋转"PropertyManager 中,选择草图下边的水平直线为轴线,设置属性,如图 3.2 所示。单击 ,旋转结果如图 3.3 所示。

图 3.2　旋转特征

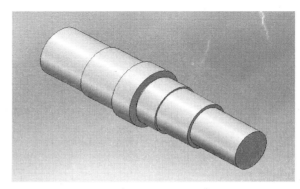

图 3.3　旋转结果

2）键槽的绘制

（1）选择前视基准面为草绘平面，使用"草图"工具栏中的"矩形"和"智能尺寸"按钮，绘制图 3.4 所示的草图。单击"退出草图"按钮，完成草图绘制。

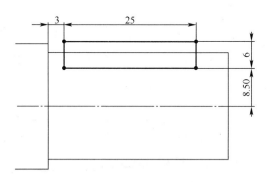

图 3.4　键槽 1 草图

（2）单击"特征"工具栏中的"拉伸切除"按钮，在"拉伸"Property-Manager 的"方向 1"中设置"两侧对称"、深度为 6mm，如图 3.5 所示。单击 ✅ 按钮，键槽 1 结果如图 3.6 所示。

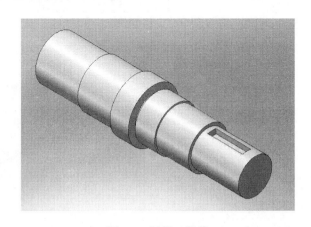

图 3.5　键槽 1 特征　　　　　　　　图 3.6　键槽 1 结果

（3）单击"特征"工具栏中的"圆角"按钮，在"圆角" PropertyManager 中，选择圆角类型为"完整圆角"，如图 3.7 所示。圆角 1 项目选择如图 3.8 所示。使用同样的操作步骤，完成键槽另一端的圆角。单击 ⊘ 按钮，圆角结果如图 3.9 所示。

（4）绘制如图 3.10 所示的草图单击"特征"工具栏中的"拉伸切除"按钮，在"拉伸" PropertyManager 的"方向 1"中设置"两侧对称"、深度为 10mm，如图 3.11 所示。单击 ⊘ 按钮，拉伸 2 结果如图 3.12 所示。

图 3.7　圆角 1 特征

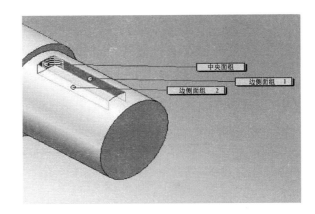

图 3.8　圆角 1 项目选择

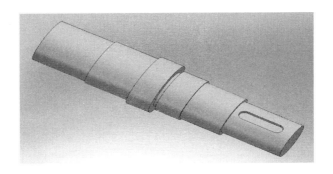

图 3.9　圆角结果

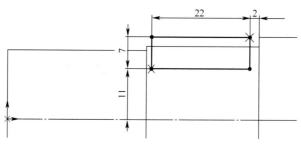

图 3.10　键槽 2 草图

图 3.11　拉伸 2 特征

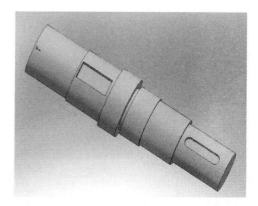

图 3.12　拉伸 2 结果

（5）单击"特征"工具栏中的"圆角"按钮，在"圆角"PropertyManager 中，选择圆角类型为"完整圆角"，如图 3.13 所示。圆角 2 项目选择如图 3.14 所示。使用同样的操作步骤，完成键槽另一端的圆角。单击

图 3.13　圆角 2 特征

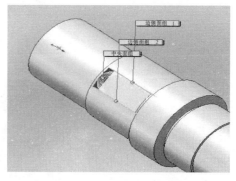

图 3.14　圆角 2 项目选择

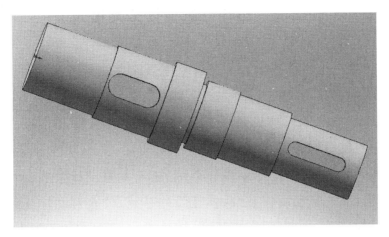 按钮,圆角结果如图 3.15 所示。

图 3.15 圆角结果

3）轴端倒角

单击"特征"工具栏中的"倒角"按钮,在"倒角" PropertyManager 中,对轴两端设置距离为 2mm、角度为 45°的倒角,其它设置保持系统默认,如图 3.16 所示。单击 按钮,轴体实体如图 3.17 所示。

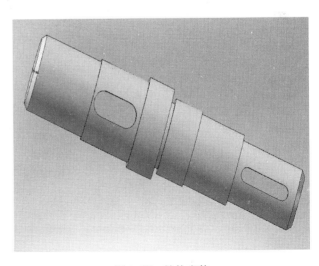

图 3.16 倒角特征　　　　　　　图 3.17 轴体实体

3.3　迈迪三维设计工具集

齿轮类三维零件建模除了可以采用第二章的方法外,还可以采用一些专用的工具,如迈迪三维设计工具集。

迈迪三维设计工具集是一套三维辅助设计软件,面向机械设计师,配合主流三维设计软件 SolidWorks 使用,主要功能包括国标件库、夹具标准件库、齿轮专家设计系统、链轮专家设计系统、凸轮专家设计系统、带轮专家设计系统、弹簧设计系统、公差自动标注系统、综合公差查询系统、力学分析工具、轴设计工具、符号库、拼图批量打印工具等。

利用迈迪三维设计工具集,其圆柱齿轮设计参数、尺寸参数如图 3.18 和图 3.19 所示。

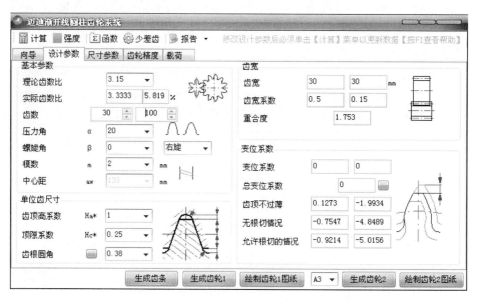

图 3.18　圆柱齿轮系统设计参数

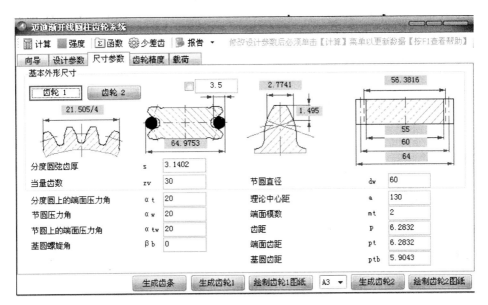

图 3.19　齿轮 1 尺寸参数

蜗轮蜗杆的设计也可以采用迈迪三维设计工具集,其三维建模如图 3.20、图 3.21 和图 3.22 所示。

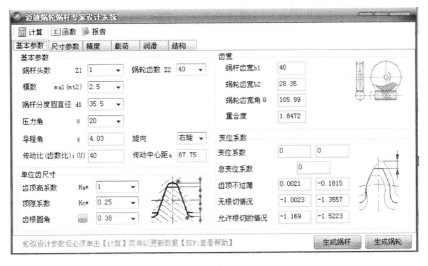

图 3.20　蜗轮蜗杆机构基本参数

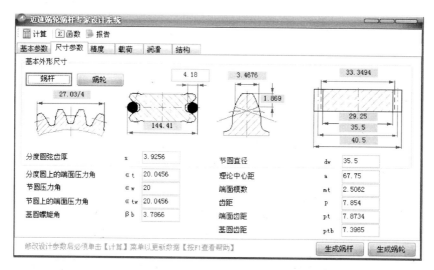

图 3.21　蜗杆尺寸参数

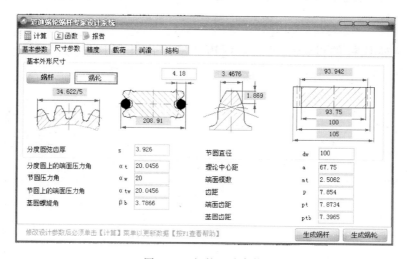

图 3.22　蜗轮尺寸参数

　　带轮由轮缘、腹板（轮辐）和轮毂三部分组成。带轮的外圈环形部分称为轮缘，轮缘是带轮的工作部分，用以安装传动带，制有梯形轮槽。其带轮、轮槽设计参数如图 3.23、图 3.24、图 3.25 和图 3.26 所示：

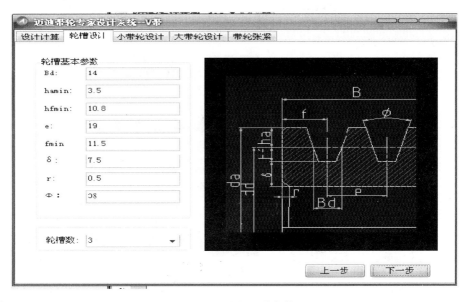

图 3.23　V 带轮设计

图 3.24　轮槽设计参数

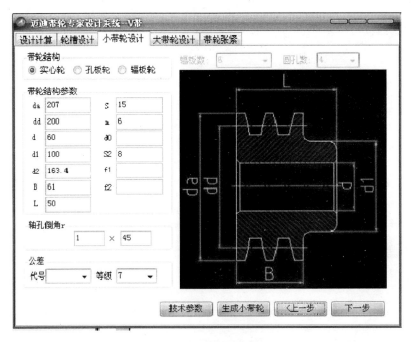

图 3.25 小带轮参数

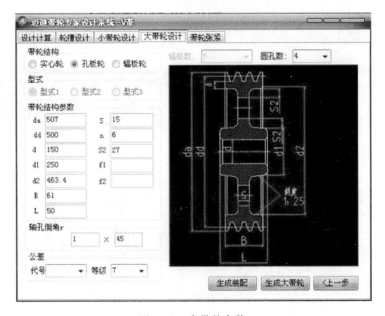

图 3.26 大带轮参数

3.4　齿轮建模

齿轮的建模采用了第二章的方法。齿轮三维实体模型如图 3.27 所示。

图 3.27　齿轮实体

3.5　其它零件的建模

其它零件的三维模型如图 3.28～图 3.38 所示。

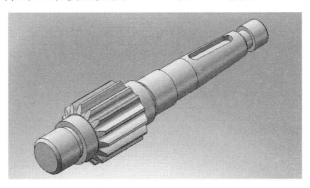

图 3.28　齿轮轴

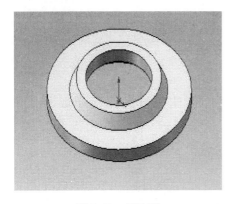

图 3.29　挡油环

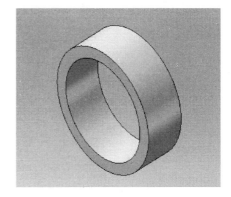

图 3.30　套筒

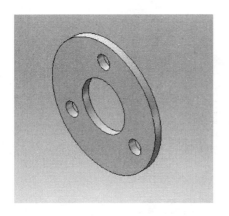

图 3.31　垫片 1

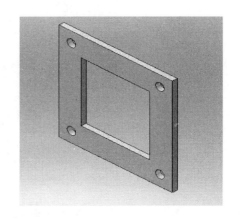

图 3.32　垫片 2

图 3.33　端盖 1

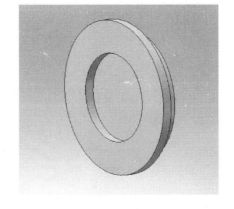

图 3.34　端盖 2

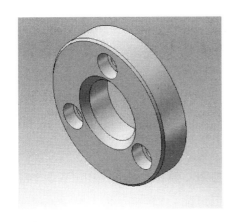

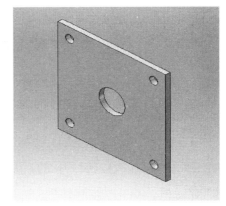

图 3.35 小盖 1   图 3.36 小盖 2

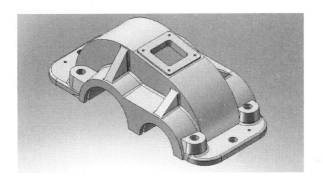

图 3.37 上箱盖

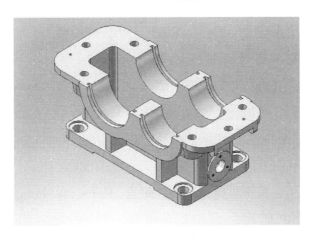

图 3.38 下箱体

3.6　减速器的虚拟装配

3.6.1　轴与大齿轮及套筒的装配

1. 新建"低速轴 . SLDASM"文件

单击"标准"工具栏中的"新建"按钮,弹出"新建 SolidWorks 文件"对话框。单击"装配体"按钮,再单击"确定"按钮,进入 SolidWorks 装配体模块界面。

2. 轴、大齿轮和套筒的装配

1)插入轴

单击"开始装配体"PorpertyManager 中的"要插入的零件/装配体",通过"浏览"找到并打开前面完成的"轴 . SLDPRT"。单击 ⊘ 按钮,通过鼠标移动,将新插入的轴放在合适位置,完成轴的插入。

2)插入齿轮并与轴装配

(1)单击"装配"工具栏中的"插入零部件"按钮,在"插入零部件"PorpertyManager 中,通过"浏览"找到并打开前面完成的"齿轮 . SLDPRT"。单击 ⊘ 按钮,通过鼠标移动,将新插入的齿轮放在合适位置,完成齿轮的插入。

(2)单击"装配"工具栏中的"配合"PorpertyManager,选择大齿轮的轮毂孔和轴同齿轮配合的圆柱轴头面,设置配合关系为"同轴心",其它设置保持系统默认,如图 3.39 所示。单击 ⊘ 按钮,完成轴和大齿轮的周向位置的配合。

(3)单击"装配"工具栏中的"配合"PorpertyManager,选择大齿轮的轮毂端面和轴周向定位齿轮的轴肩端面,设置配合关系为"重合",其它设置保持系统默认,如图 3.40 所示。单击 ⊘ 按钮,完成轴

图 3.39　同轴心

图 3.40　重合

和大齿轮的轴向位置的配合。

3）插入套筒并进行装配

（1）单击"装配"工具栏中的"插入零部件"按钮，在"插入零部件" PorpertyManager 中，通过"浏览"找到并打开前面完成的"套筒 . SLDPRT"。单击按钮，通过鼠标移动，将新插入的套筒放在合适位置，完成套筒的插入。

（2）单击"装配"工具栏中的"配合"PorpertyManager，选择套筒的内孔和轴的外圆面，设置配合关系为"同轴心"，其它设置保持系统默认。单击按钮，完成轴和大齿轮的周向位置的配合。

（3）单击"装配"工具栏中的"配合"PorpertyManager，选择套筒的端面和大齿轮的另外一个轮毂端面（前面大齿轮的一个轮毂端面已经和轴肩端面重合），设置配合关系为"重合"，根据所选套筒的两个端面的不同，通过单击"同向对齐"或"反向对齐"，保证正确的配合方向。单击 按钮，完成套筒与轴的轴向位置配合，结果如图3.41 所示。

图 3.41 低速轴装配结果

3.6.2 轴与大齿轮及套筒装配体的干涉检查

SolidWorks 软件通过数字化三维仿真技术实现装配全过程的仿真，并在仿真过程中检查干涉以确保所有零部件的准确安装及这种安装相对于其周边安装件而言的可行性。通常产品装配涉及的零部件数量较多，装配关系复杂，又需要大量的制造资源的支持，致使装配工艺设计难度很大，仅凭工艺工程师的个人经验，在数字化装配工艺过程设计中就难免会有各种工艺设计错误或工艺设计不合理的情况，如果这些错误在产品实际装配过程才发现的话，就会造成大量的产品、资源返工和工艺修改，甚至整个工艺布局和装配流程的调整，这些将给制造周期、生产成本等带来不可估量的损失。

SolidWorks 软件三维数字化装配过程仿真是产品在实施装配以前对装配工艺进行的仿真验证,其干涉检测也是针对产品在实施装配以前的干涉检查,即在产品实际装配之前,通过装配过程仿真,及时地发现产品设计、工艺设计、工装设计存在的问题,有效地减少装配缺陷和产品的故障率,减少因装配干涉等问题而进行的重新设计和工程更改。

SolidWorks 软件提供了静态干涉和动态干涉检验,两种干涉检验都要求避免物体间的碰撞以保证产品设计和工艺设计的有效性。DELMIA 中的静态干涉检查通常用于虚拟装配结构,以检查装配体的各零部件之间的相对位置关系是否存在干涉,装配公差设计是否合理。而动态干涉检查是在零部件的装配运动过程中,包括拆卸过程,检查零件运动包络体是否存在零部件之间的运动干涉。

为了了解该装配体的配合情况,可以单击"评估"工具栏中的"干涉检查"按钮,在"干涉检查"PorpertyManager 中选择"低速轴. SLDASM",其它设置保持系统默认,如图 3.42 所示。单击"计算"按钮,进行装配体的检查,结果如图 3.43 所示。

检查结果显示无干涉,表明设计、装配合理。

3.6.3 减速器整机的装配

1. 新建"减速器 . SLDASM"文件

单击"标准"工具栏中的"新建"按钮,弹出"新建 SolidWorks 文件"对话框。单击"装配体"按钮,再单击"确定"按钮,进入 SolidWorks 装配体模块界面。

2. 减速器的装配

(1) 根据减速器的装配示意图装配各个零件,结果如图 3.44 所示。

图 3.42　干涉检查　　　　　　　　　　图 3.43　干涉检查结果

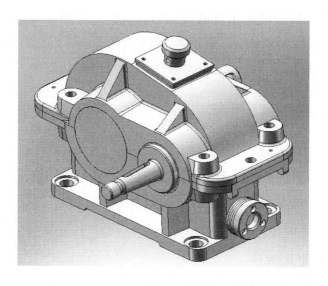

图 3.44　装配体

　　为了了解该装配体的配合情况,可以单击"评估"工具栏中的"干涉检查"按钮,在"干涉检查"PorpertyManager 中选择"装配体. SLDASM",其它设置保持系统默认,如图 3.45 所示。单击"计算"按钮,进行装配体的检查,结果如图 3.46 所示。

　　检查结果显示无干涉,表明设计、装配合理。

图 3.45　干涉检查　　　　　　　　图 3.46　干涉检查结果

　　3. 保存"减速器. SLDASM"文件

　　单击"标准"工具栏中的"保存"按钮,弹出"另存为"对话框。在"文件名"文本框中输入"装配体",单击"保存"按钮,完成减速器的装配。

　　4.完成减速器的爆炸视图

　　(1)单击"装配"工具栏中的"爆炸视图"按钮,在"爆炸"PorpertyManager 中,根据拆卸顺序,依次选择零件,然后拖动操纵杆控标完成每一个爆炸步骤。单击 按钮,完成减速器的爆炸,结果如图 3.47 所示。

　　(2)单击"标准"工具栏中的"保存"按钮,弹出"另存为"对话框。在"文件名"文本框中输入"装配体爆炸视图",单击"保存"按钮,完成减速器的爆炸视图。

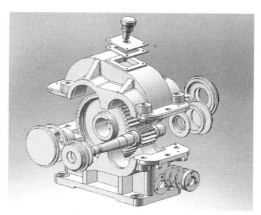

图 3.47　减速器爆炸图

3.7　减速器仿真分析

3.7.1　碰撞接触仿真分析

在设计树上选择运动分析图标 ，把齿轮轴和低速轴都设置为"运动零部件"，其它每个部件都设为静止零部件。给齿轮轴和低速轴添加一个旋转副，如图 3.48 所示。其中齿轮轴的旋转副设置一个运动，如图 3.49 所示。

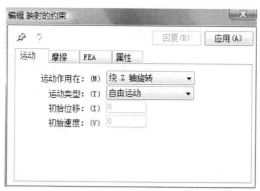

图 3.48　低速轴旋转副

图 3.49　齿轮轴旋转副

　　右击"约束"/"碰撞",选择"添加 3D 碰撞"命令,分别选择齿轮轴和低速轴,如图 3.50 所示,单击"应用"按钮。

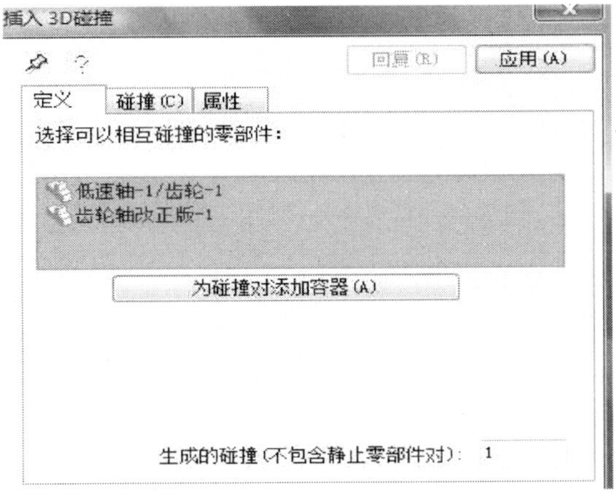

图 3.50　添加 3D 碰撞

　　从运行中可以看出各齿轮保持很好的啮合状态,没有干涉或脱离啮合现象。

　　此时各轴角速度如图 3.51 和图 3.52 所示。齿轮轴的角速度设定为 600°/s,低速轴的角速度应该为 163.6°/s。

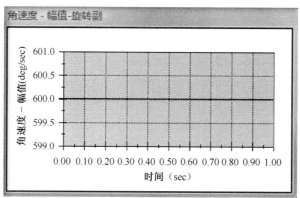

图 3.51　齿轮轴角速度仿真输出结果

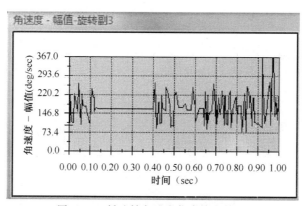

图 3.52　低速轴角速度仿真输出结果

各轴的受力情况如图 3.53、图 3.54 所示。

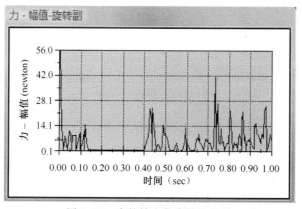

图 3.53　齿轮轴力仿真输出结果

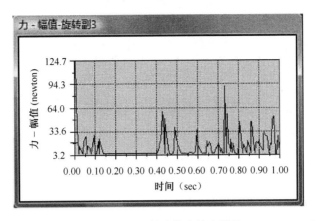

图 3.54　齿轮轴力仿真输出结果

3.7.2　耦合运动仿真分析

右击"耦合",选择"添加耦合"命令,在"何时约束"和"约束"栏,分别用鼠标选择右边设计树"约束"下面的旋转副和旋转副 3。齿轮轴和低速轴转动角度之比为 11∶3,如图 3.55 所示。

各轴角速度曲线与理论值完全一样,如图 3.56 和图 3.57 所示。

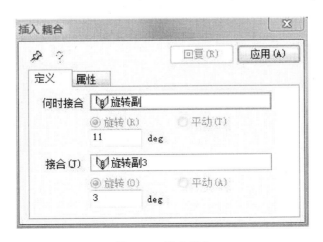

图 3.55　插入耦合

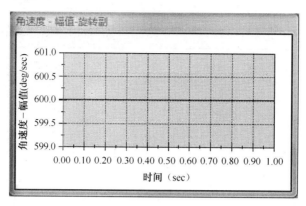

图 3.56 齿轮轴角速度仿真输出结果

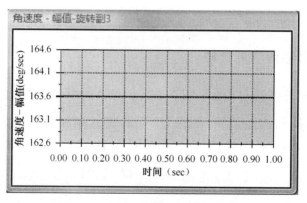

图 3.57 低速轴角速度仿真输出结果

各轴的受力情况曲线如图 3.58 和图 3.59 所示。

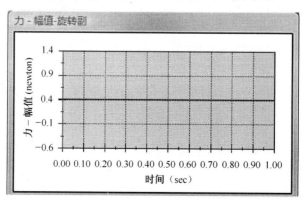

图 3.58 齿轮轴力仿真输出结果

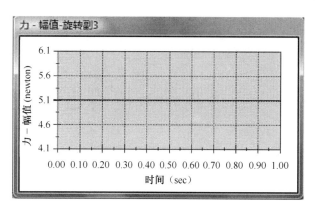

图 3.59 低速轴力仿真输出结果

结果分析:3D 碰撞状态下,齿轮轴的角速度设定为 $600°/s$,低速轴的角速度应该为 $163.6°/s$,但受碰撞的影响,实际结果是角速度在 $163.6°/s$ 附近上下波动。而在耦合状态下,两个齿轮按照 3∶11 的传动比转动,因此它们的角速度的比值跟传动比一致。

第四章 二级齿轮减速器建模与仿真

4.1 减速器基座的建模

4.1.1 基座轮廓的生成

新建一个零件图,在前视基准面中画出长 515mm、宽 240mm 的长方形,退出草图,对该草图进行薄壁拉伸,壁厚 10mm,如图 4.1 所示。

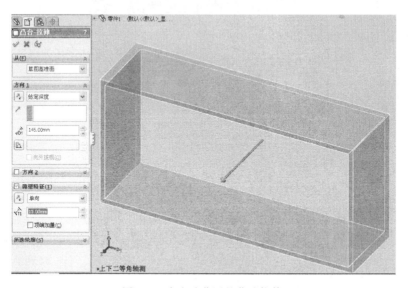

图 4.1 底座壁草图的薄壁拉伸

在图 4.1 底面上建立基准面 1,绘制草图,如图 4.2 所示。矩形长 535mm,宽 260mm,拉伸该草图,生成箱座底面,如图 4.3 所示。

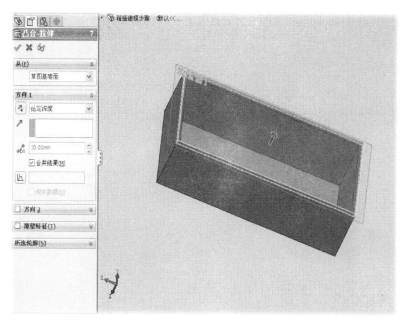

图 4.2　箱体底面草图基准面

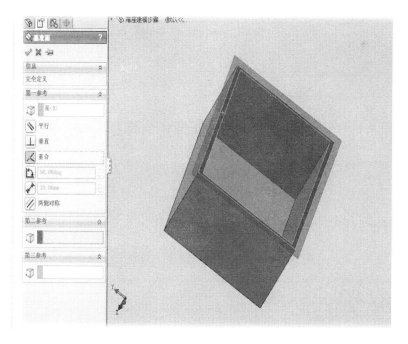

图 4.3　箱体底面成型

再次在基准面 1 上绘制草图,如图 4.4 所示。拉伸 25mm,生成箱座底凸缘,如图 4.5 所示。绘制圆角,如图 4.6 所示。

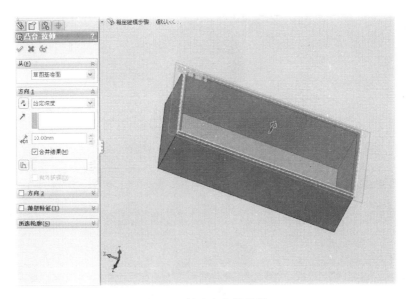

图 4.4　箱座底凸缘草图

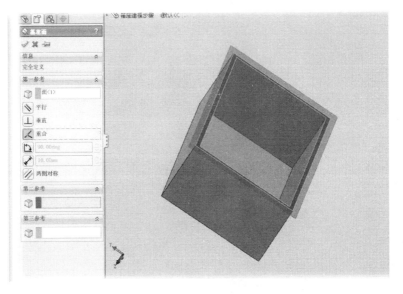

图 4.5　箱座底凸缘成型

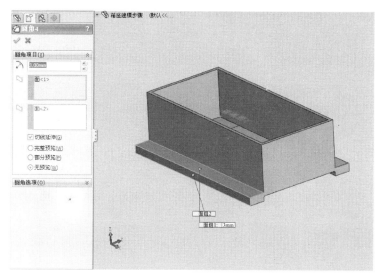

图 4.6 箱座底倒角

4.1.2 轴承座的生成

为了定位轴承座中心的位置,专门绘制一个草图,在箱座前壁外侧建立基准面 2,进行该草图的绘制,如图 4.7 所示。

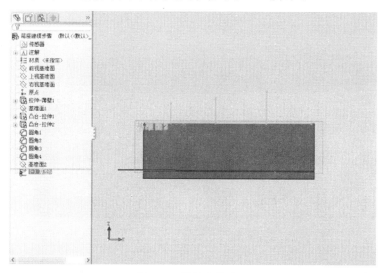

图 4.7 轴承座基准面

接下来绘出轴承座的外轮廓,拉伸成型,如图 4.8 所示。

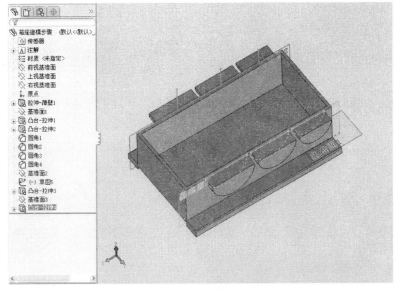

图 4.8　轴承座的外轮廓

接着绘制轴承旁凸台,首先在箱座上端面建立基准面 4,如图 4.9 所示。绘出草图,拉伸成型。如图 4.10 所示。

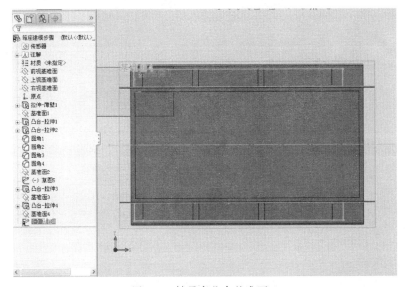

图 4.9　轴承旁凸台基准面 4

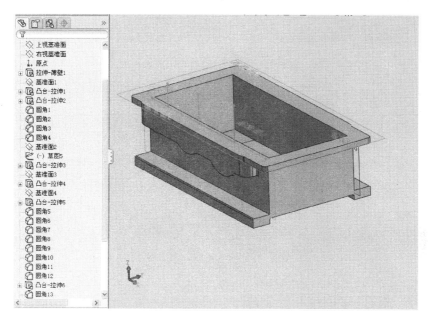

图 4.10 轴承座凸缘

所有的凸缘绘制完毕后,我们来进行拉伸切除,绘出轴承座,在基准面 2 上绘出图 4.11 所示的草图,拉伸切除,如图 4.12 所示。

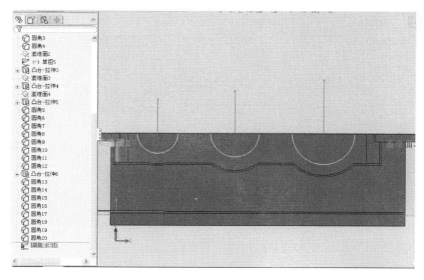

图 4.11 轴承座的半圆草图

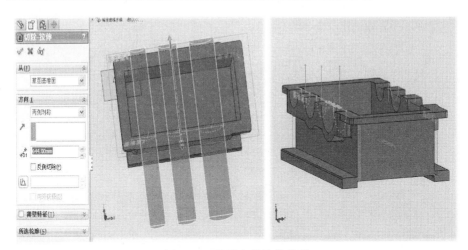

图 4.12　轴承座的拉伸成型

4.1.3　螺孔、定位销孔的生成

先来绘制轴承旁螺孔和箱座箱盖连接螺孔,在基准面 4 上绘出各螺孔的轮廓圆,如图 4.13 所示。退出草图,拉伸切除,如图 4.14 所示。

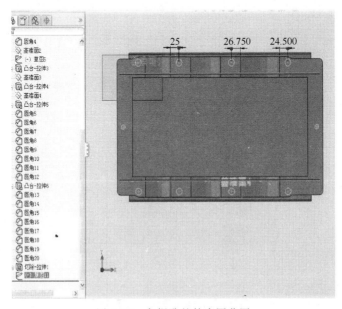

图 4.13　各螺孔的轮廓圆草图

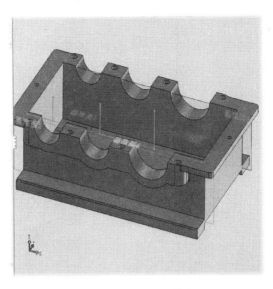

图 4.14　各螺孔的轮廓成型

　　定位销孔不是简单的直孔,不能通过拉伸切除的方法,这里采用旋转切除的方法来绘制,如图 4.15 所示。

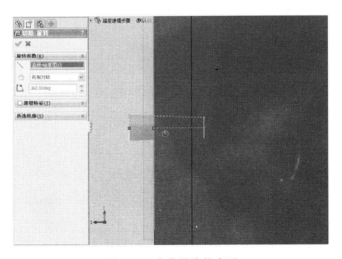

图 4.15　定位销孔的成型

　　地脚螺栓的画法和轴承旁螺栓的画法类似,这里不再赘述。绘出模型如图 4.16 所示。

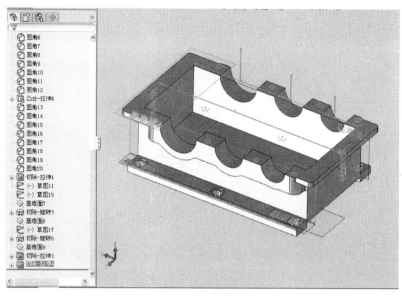

图 4.16　螺栓孔的成型

在轴承盖端面上建立基准面 10,定出各螺钉孔的位置,画出草图后拉伸切除,如图 4.17 和图 4.18 所示。

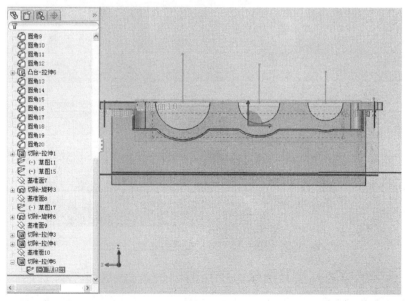

图 4.17　轴承盖端面螺钉孔基准面

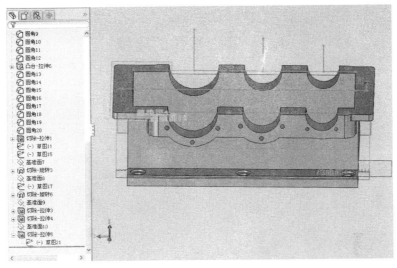

图 4.18　轴承盖端面螺钉孔成型

4.1.4　最终模型

在底座上绘制放油、油标孔、吊钩和肋板(在此略),最终的三维模型如图 4.19 所示。

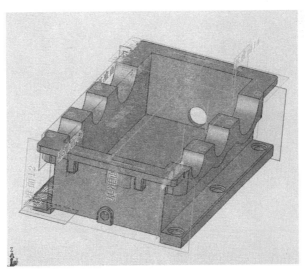

图 4.19　减速器底座三维模型图

4.2　其它零件的建模

其它零件的建模过程略,生成的三维模型图如图 4.20～图 4.63
所示。

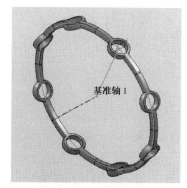

图 4.20　大轴承保持架

图 4.21　大轴承内圈

图 4.22　大轴承滚子

图 4.23　大轴承外圈

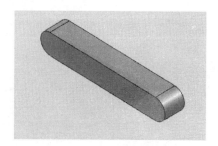

图 4.24　低速轴齿轮键

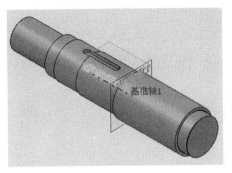

图 4.25 低速轴

图 4.26 低速轴齿轮

图 4.27 低速轴右侧套

图 4.28 高速轴右侧套筒

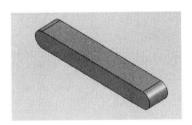

图 4.29 高速轴齿轮键

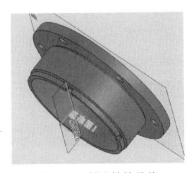

图 4.30 低速轴轴承盖

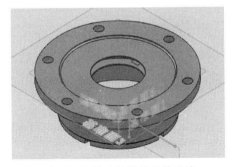

图 4.31 低速轴轴承盖伸出端

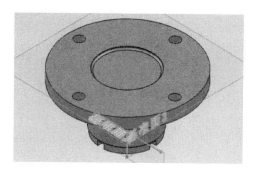

图 4.32　高速轴轴承盖

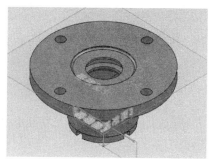

图 4.33　高速轴轴承盖伸出端

图 4.34　中速轴大齿轮

图 4.35　中速轴小齿轮

图 4.36　中轴承滚子

图 4.37　中轴承内圈

图 4.38　中轴承外圈

图 4.39 低速轴左侧套筒

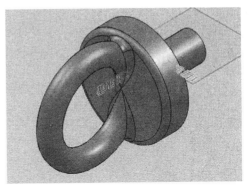

图 4.40 吊环

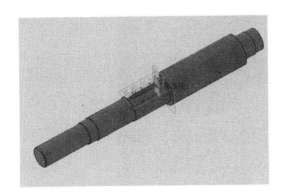

图 4.41 高速轴

图 4.42 高速轴齿轮

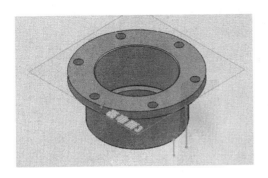

图 4.43 低速轴套杯

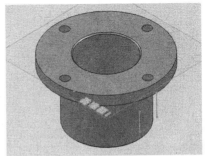

图 4.44 高速轴套杯

图 4.45　中速轴套杯

图 4.46　高速轴左侧套筒

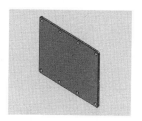

图 4.47　视孔盖

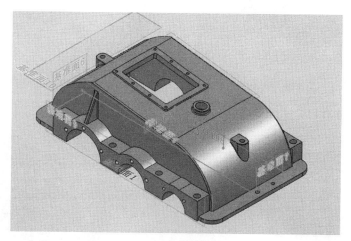

图 4.48　顶盖

图 4.49　小轴承内圈

图 4.50　小轴承滚子

图 4.51　小轴承外圈

图 4.52　通气罩上盖

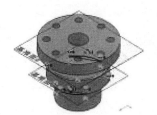

图 4.53　通气罩下盖

图 4.54　小轴承保持架

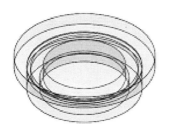

图 4.55 压配式油标

图 4.56 压配式圆形油标 O 形橡胶密封圈

图 4.57 中速轴大齿轮键

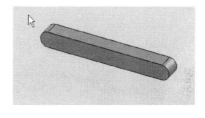

图 4.58 中速轴小齿轮键

图 4.59 中速轴

图 4.60 中速轴右侧套筒

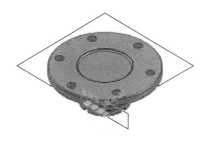

图 4.61 中速轴轴承盖

图 4.62 中速轴左侧套筒

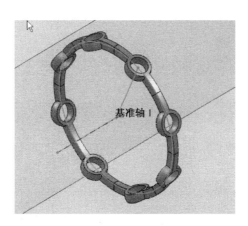

图 4.63　中轴承保持架

4.3　虚拟装配过程

4.3.1　低速轴装配

新建一个装配体文件,打开低速轴零件模型,如图 4.64 所示。单击文件"下拉菜单",通过浏览文件,将低速轴齿轮、低速轴齿轮键、低速轴左侧套筒、低速轴右侧套筒、低速轴轴承、低速轴套杯这几个零件模型插入。其中低速轴套杯和小轴承要插入两次,零件插入如图 4.65 所示。

开始建立配合关系。首先对键进行配合,单击"配合"按钮,选择键槽底面和键的一端面,在弹出的配合选项栏中选择"重合配合关系",并"确定"。选择键槽一个端面和键的一个端面,选择"同心配合关系",就完成了键的装配,如图 4.66 所示。

其余各个零件均具有回转面,装配是具有相似之处,仅以齿轮的装配进行说明,其余的不再赘述。

选择齿轮内孔回转面和轴上相应的安装面,进行同心配合,如图 4.67 所示。

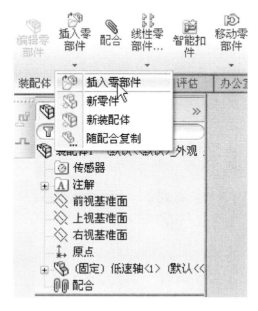

图 4.64　虚拟装配界面

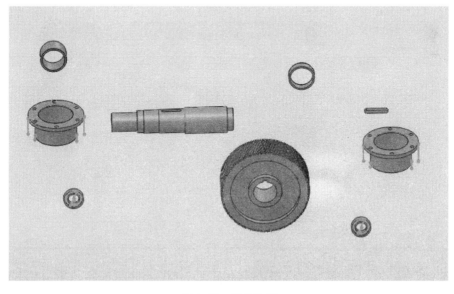

图 4.65　零件位置

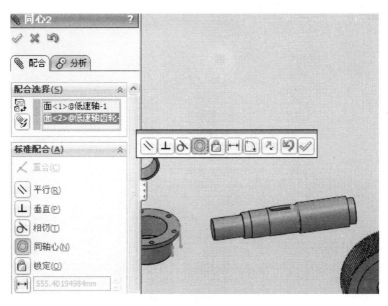

图 4.66　键的装配

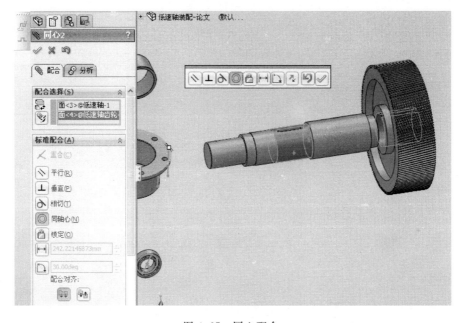

图 4.67　同心配合

　　选择齿轮轴孔凸缘端面和轴上轴承安装段的轴肩,进行重合配合,如图 4.68 所示。

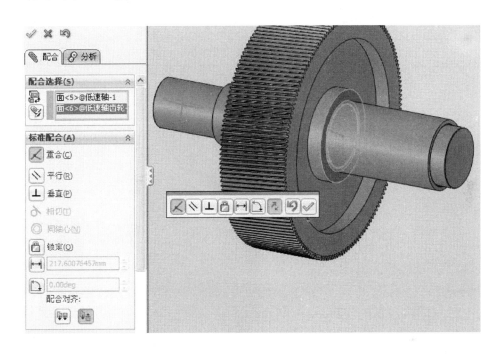

图 4.68　重合配合

　　因为齿轮安装在轴上是要和轴同步转动的,这正是键存在的缘由,因此还要对键和齿轮设置配合关系。选中键的一个侧面和齿轮键槽的相应一面,选择"重合配合"。这里我们会遇到一点小的麻烦,就是键被齿轮覆盖了,无法选择键的侧面,但又不能隐藏齿轮,一旦隐藏就又无法选择齿轮了,这就要用到另一种工具——"孤立"。先对键进行孤立,这样就只能看到键,再单击"配合"按钮,此时退出"孤立",就又看到齿轮了。装配的结果如图 4.69 所示。

　　用相同的方法可以对其余的零件进行装配,装配结果如图 4.70所示。

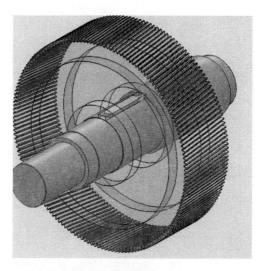

图 4.69　齿轮与轴的配合

图 4.70　低速轴的虚拟装配图

4.3.2　中速轴装配

采用与 4.3.1 节同样的方法将中速轴进行虚拟装配,其装配结果如图 4.71 所示。

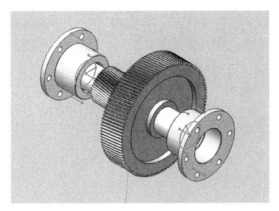

图 4.71　中速轴的虚拟装配图

4.3.3　高速轴装配

采用与 4.3.1 节同样的方法将高速轴进行虚拟装配,其装配结果如图 4.72 所示。

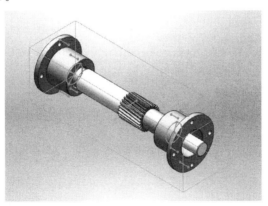

图 4.72　高速轴的虚拟装配图

4.3.4　整机装配

建立四个子装配(低速轴子装配体、中速轴子装配体、高速轴子装配体、通气罩子装配体)后,新建一个装配体,插入箱体基座,默认为固定模式,依次插入六个套筒、三个轴的子装配体、顶盖、六个轴承盖、油标、放油螺塞、通气罩子装配体、视孔盖、吊环。减速器的整体装配结果如图 4.73 所示。

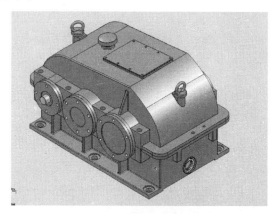

图 4.73　整机虚拟装配图

4.3.5　爆炸视图

为了让设计者或制造者可以对物体的所有零部件、装配顺序，以及零部件彼此间的位置关系一目了然，制作的减速器爆炸视图如图 4.74 所示。

4.3.6　干涉检查

在进行仿真之前要对装配体进行评估，以便及早发现设计和建模中的错误，为了便于观察减速器内部传动件的运动状况，先将顶盖等零部件隐藏。

首先，我们来进行干涉检查。在"评估"工具栏中单击"干涉检查"，进行计算。SolidWorks 会帮助用户检查出建模和装配中的干涉问题，但并不是所有干涉都需要更改，不影响设计目的和仿真结果的干涉可以忽略。然后，进行"孔对齐"检查，设置所允许的孔中心偏差，如图 4.75 所示。

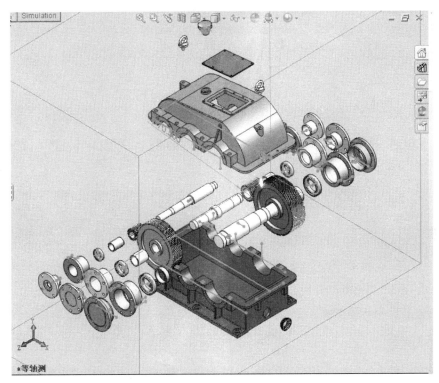

图 4.74　二级减速器爆炸视图

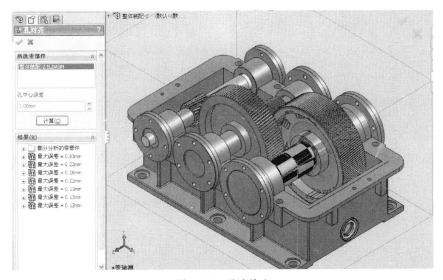

图 4.75　干涉检查

4.4　仿　真　分　析

4.4.1　动画生成

新建一个运动算例,在高速轴上添加马达,并设定转速为 200r/min,如图 4.76 所示。

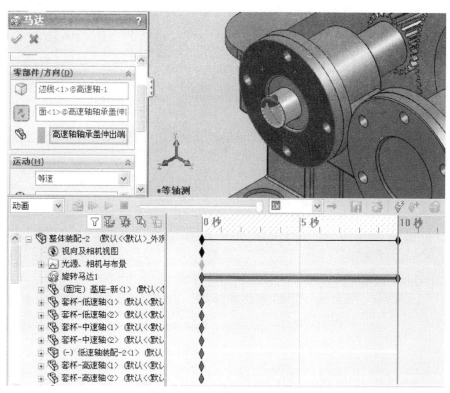

图 4.76　减速器齿轮运动动画

4.4.2　仿真分析

设计者更为关心的是当高速轴以某速度转动的时候,低速轴、中速轴等各个齿轮的运动和受力状况。打开"表格和图表分析"工具,对各处的运动和受力状况进行分析。按照设计要求,高速轴的速度为 $480r/min$。

在高速轴上插入马达,设定转速为 $480r/min$,选择 motion 分析,如图 4.77 所示。

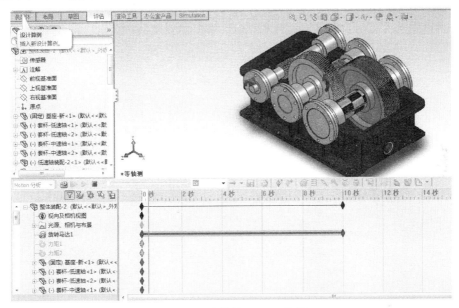

图 4.77 齿轮的 motion 分析

高速轴齿轮的运动状况如图 4.78 所示。中速轴大齿轮的角位移状况如图 4.79 所示。

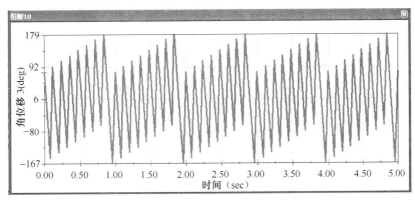

图 4.78 高速轴齿轮角位移

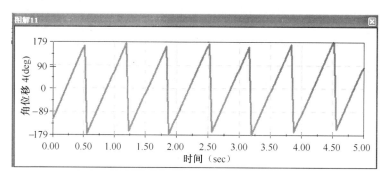

图 4.79　中速轴大齿轮角位移

两个齿轮的速度和加速度分析如图 4.80、图 4.81 和图 4.82所示。

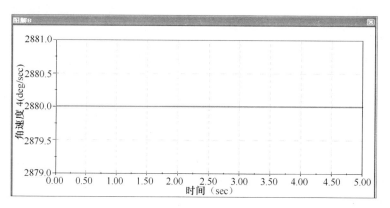

图 4.80　高速轴小齿轮角速度

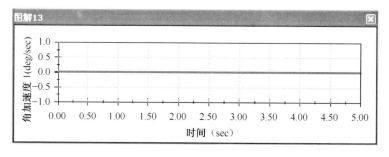

图 4.81　高速轴小齿轮角加速度

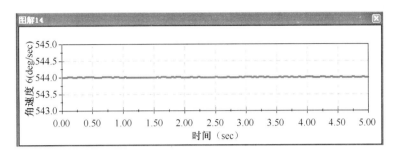

图 4.82　中速轴大齿轮角速度

第五章　齿轮油泵建模与仿真

5.1　齿轮油泵的工作原理

　　齿轮泵是机器润滑、供油(或其它液体)系统中的一个部件。其体积小,要求传动平稳,保证供油,不能有渗漏。齿轮泵是通过装在泵体内的一对啮合齿轮的转动,将油(或其它液体)从进口吸入,由出口排出。具体过程是这样的:当一对齿轮在泵体内做啮合传动时,啮合区前边空间的压力降低而产生局部真空,油池内的油在大气压作用下进入油泵低压区内的进油口,随着齿轮的传动,齿槽中的油不断被带至后边的出油口,把油压出,从而提高油的压力,送至机器中需要润滑的部位。主动齿轮通过轴端的其它传动装置与动力(如电动机)相连接。泵体与泵盖间采用毛毡纸垫密封,两零件之间采用两销钉定位,以便安装。啮合齿轮为一对标准直齿圆柱齿轮,其齿根圆直径与轴径相差较小,因此和轴均做成一体,叫齿轮轴。两个齿轮参数相同,齿轮的外径和两侧都与壳体紧密配合。为了防止油沿主动齿轮轴外渗,用密封填料、填料压盖、压紧螺母组成一套密封装置。

5.2　齿轮油泵的建模

5.2.1　齿轮的建模

　　利用 VBA 二次开发 SolidWorks,生成齿轮轮廓线的完整程序,可以完成直齿和斜齿圆柱齿轮的造型,并对程序关键语句进行了详细说明。只需要输入齿轮的齿数、模数、压力角,程序就可以在SolidWorks 中绘制出相应的齿轮轮廓。齿轮建模在第二章有较为明确的说明,在此不在详述。建立的齿轮实体如图 5.1 所示。

5.2.2　阶梯轴的建模

(1) 选取齿轮端面,插入草图,绘制直径为 11mm 的圆,如图 5.2 所示。单击"特征",选取"拉伸凸台",选中"给定深度",并设置深度为 2mm。完成柱体一的拉伸,如图 5.3 所示。

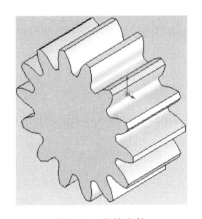

图 5.1　齿轮实体

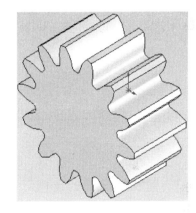

图 5.2　插入草图

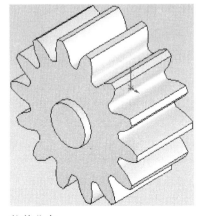

图 5.3　拉伸凸台

（2）继续绘制其它几个柱体，具体尺寸如图 5.4 所示。注意每次绘制草图前必须先选定要绘制的草图的平面。

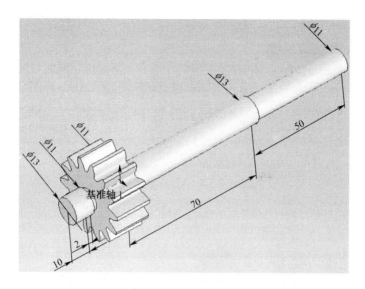

图 5.4　主动齿轮轴外形

5.2.3　阶梯轴键槽的建模

（1）在右端面插入草图 10，绘制水平直线与端面相交，得交点 2，退出草图。选择"插入"→"参考几何体"→"基准面"命令，选中 点和平行面(P) 选项，得到基准面 2，如图 5.5 所示。

（2）在基准面 2 上插入草图 11，如图 5.6 所示。单击"特征"→"切除拉伸"属性管理器，选择草图 11，设置深度 2.5mm，单击"确定"按钮完成键的建模，如图 5.7 所示。

5.2.4　阶梯轴倒角

对轴两端进行倒角，选择"特征"→"倒角"命令，对轴两端进行倒角 C1，如图 5.8 所示。

图 5.5　插入基准面

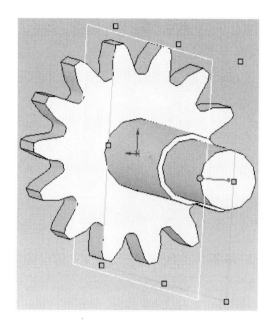

图 5.6　轴中基准面

图 5.7　绘制键槽

　　单击"标准"工具栏上的"保存"按钮,在弹出的"另存为"对话框中的"文件名"文本框中输入"主动齿轮轴",单击"保存"按钮,完成主动

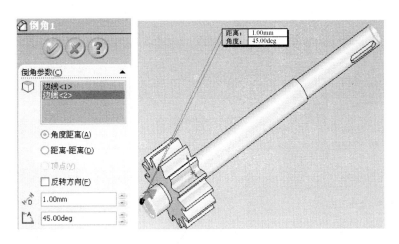

图 5.8　倒角

齿轮轴零件的绘制。建立的主动齿轮轴如图 5.9 所示。

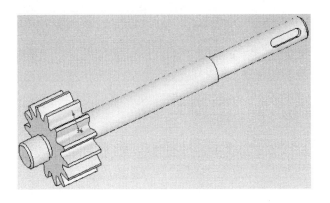

图 5.9　主动齿轮轴

5.2.5　压紧螺母的建模

螺母的结构由六角方柱、螺纹孔和倒角等组成。螺母的绘制是在拉伸切除特征的基础上,切除生成螺纹内孔。为了应用简便,利用装饰螺纹线的方法来生成内螺纹。

1. 螺母基体的绘制

（1）启动 SolidWorks2006，单击"标准"工具栏上的"新建"按钮
，弹出"新建 SolidWorks 文件"对话框，选择"零件"模板，单击"确定"按钮，新建一个零件文件。

（2）在 FeatureManager 设计树中选择"前视基准面"为草图绘制平面，单击"草图"工具栏上的"插入草图"按钮，启动草图绘制。

（3）选择"工具"→"草图绘制实体"→"多边形"命令，弹出"多边形"属性管理器，绘制内切圆直径为 30 mm 的正六边形，如图 5.10所示。

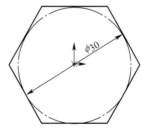

图 5.10　正六边形草图

（4）单击"特征"工具栏上的"拉伸"按钮，拉伸终止条件为"给定深度"，深度设置为 25mm，单击"确定"按钮，完成拉伸特征，如图5.11 所示。

2. 螺母螺母倒圆角

（1）在 FeatureManager 设计树中选择"上视基准面"为草图绘制

基准面,插入草图。单击"视图"工具栏上的"正视于"按钮，使草图绘制平面正对于操作者。利用中心线、直线和标注尺寸工具绘制草图,如图 5.12 所示。

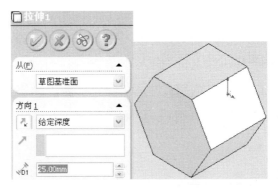

图 5.11　正六边形拉伸

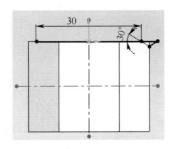

图 5.12　绘制圆角草图

(2) 单击"草图"工具栏上的"镜向"按钮，出现"镜向"属性管理器。单击"要镜向的实体"选择框,在图形区选择上一步所绘制的草图实体,然后单击"镜向点",选择框选择图中所示的镜向线。单击按钮,完成草图实体镜向操作,如图 5.13 所示。

(3) 单击特征工具栏上的"旋转切除"按钮，弹出"切除—旋转1"属性管理器。单击"旋转轴"选择框,选择图中的竖直中心线为旋转轴,并在旋转角度微调框中输入 360°。单击"确定"按钮，完成旋转切除特征,如图 5.14 所示。

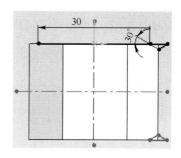

图 5.13　镜像草图

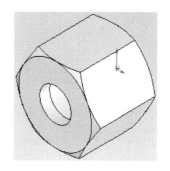

图 5.14　旋转切除

3. 螺母阶梯孔的绘制

选择螺母一端面作为草图绘制平面,绘制直径 13mm 的圆,并切除,深度设置为 4mm。选择切除后露出的表面作为草图绘制平面,绘制直径 24mm 的圆,并切除,深度设置为 28mm。完成阶梯孔的绘制。

4. 螺纹线的绘制

(1) 单击"特征"工具栏上的"异型孔向导"按钮，或者选择"插入"→"特征"→"孔"→"异型孔向导"命令，弹出"孔规格"属性管理器。

(2) 单击"孔规格"属性管理器中的"类型"标签，单击"螺纹孔"图标，在"标准"下拉列表框中选择 GB，"类型"下拉列表框中选择"螺纹孔"，"大小"下拉列表框中选择 M6，终止条件选择"完全贯穿"，单击"选项"卷展栏中的"装饰螺纹线"按钮，如图 5.15 所示。

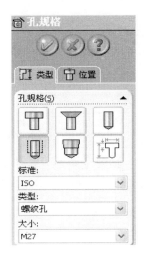

图 5.15 "孔规格"属性管理器

(3) 单击"孔规格"属性管理器上的"位置"标签，选择实体表面中心点。然后单击"确定"按钮，完成孔的绘制，如图 5.15 所示。选择"工具"→"选项"命令，在弹出的对话框中单击"文件属性"标签，然后在左侧列表框中选中"注解显示"，在右侧的"显示过滤器"选项组中选中"上色的装饰螺纹线"复选框。单击"确定"按钮，此时图形区域螺母显示如图 5.16 所示。

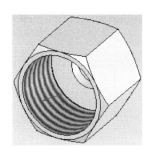

图 5.16 显示螺纹线

5.3 齿轮油泵中标准件建模

5.3.1 螺钉的建模

1. 新建模型文件

新建一个"零件"模块的模型文件,进入建模环境。

2. 选择标准零件库

(1) 单击页面右侧的"设计库"图标，弹出"设计库"对话框,如图 5.17 所示。

图 5.17 "设计库"对话框

(2) 双击打开 Toolbox 文件夹,打开 ISO,选择"螺栓和螺钉"文件夹中"开槽头螺钉",用鼠标右键单击"开槽扁圆头"/"生成零件"按钮,如图 5.18 所示。

(3) 弹出"开槽扁圆头"对话框,修改其中参数,如图 5.19 所示。

图 5.18 生成零件

图 5.19 螺钉参数设置

（4）单击"确定"按钮后，生成标准件螺钉 M6×20，如图 5.20 所示。

5.3.2 销的建模

参照标准件销的调用过程，生成标准件销 C4×24，如图 5.21 所示。

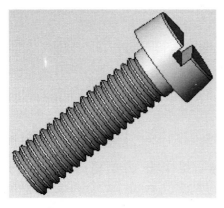

图 5.20 标准件螺钉 M6×20

图 5.21 标准件销 C4×24

5.4　齿轮油泵的虚拟装配

5.4.1　装配方法

　　齿轮油泵装配体的设计是在前面完成零件造型的基础上,完成自下而上的装配。先新建一个装配体,然后在插入零部件对话框中单击浏览依次选择要插入的零部件即可。其中第一个插入的零件十分重要,它是整个装配体的装配基础,SolidWorks 软件已默认第一个插入的零件为固定零件,其它所有的装配体零件都是以此为基础,本装配体是以泵体为装配参照体。

　　调入零件后,要使零件之间达到准确的配合,必须建立准确的装配约束,两个零件之间的装配约束一般用三个坐标方向的位移以及绕这三个坐标方向的转动表示。SolidWorks 系统提供了包括重合、平行、垂直、相切、同轴心、距离、角度等七种标准配合和包括对称、凸轮、宽度、齿轮、齿条小齿轮等五种高级配合。在装配过程中的配合关系应根据零件的运动状态来选取,并且要考虑运动自由度的问题,本装配基本用到了所有的标准配合和齿轮高级配合。

5.4.2　装配过程

　　基于齿轮油泵的工作原理,要求两工作齿轮正确啮合,且转动良好无干涉,在此重点介绍两齿轮的配合过程。

　　(1) 单击"标准"工具栏中的"新建"按钮,弹出"新建 SolidWorks 文件"对话框。单击"装配体"按钮,再单击"确定"按钮,进入 SolidWorks 装配体模块界面。

　　(2) 在"要插入的零件"/"浏览"中打开零件"泵体",选择 "被动轴齿轮"。单击 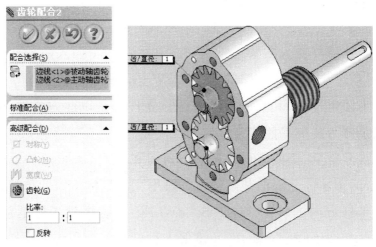，运用"同轴心"和"重合"命令装配两零件,用同样的命令装配"泵体"和"主动轴齿轮"。

（3）选择 命令,在弹出的对话框中选择"高级配合" 齿轮(G)命令。比率为"1：1","配合选择"框中选中主动齿轮轴边线和被动齿轮轴边线,结果如图 5.22 所示。

图 5.22　齿轮配合

（4）零件透明处理后装配图如图 5.23 所示。

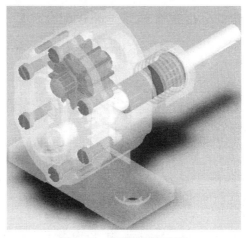

图 5.23　齿轮油泵装配体

5.4.3　干涉检查

在传统设计中,只有当产品真正被制造、装配、试运行时才能发现零件之间的干涉。在虚拟设计过程中,虚拟装配后可以及时进行静态和动态干涉检查,及时检查、修改产品,避免财力、物力的浪费。

(1) 打开"齿轮油泵装配体",单击"干涉检查"图标 干涉检查 ,出现"干涉检查"对话框,单击"计算",在"结果"卷展栏出现检查结果,如图 5.24 所示。

(2) 在"干涉检查"中,可能出现两齿轮干涉的情况,可先选择"忽视干涉"。因为此干涉可能是两齿轮配合时不精确造成的。在后面进行模拟运动时,两齿轮处于碰撞位置开始,模拟将继续并忽视这些碰撞。进入啮合状态后,将消除原有干涉。再次进行干涉检查,将不存在干涉。

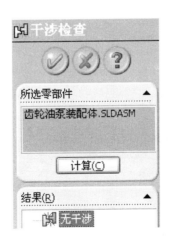

图 5.24　齿轮油泵装配体干涉检查

5.4.4　爆炸视图

爆炸视图对于表达各零部件的相对位置十分有帮助。

1. 齿轮油泵的拆卸顺序

泵体和泵盖通过六个螺钉连接,拆下六个螺钉即可将泵盖取下,取下纸垫,可看到两个齿轮(连轴齿轮),此时从动齿轮就可拿下。泵体上有两个圆柱销,用于泵体和泵盖的定位,它压入泵体销孔内,不必拆出。拆去压紧螺母,取出填料压盖和填料,即可取出主动齿轮轴。

2. 齿轮油泵的爆炸视图

单击"装配"工具栏中的"爆炸视图"按钮 ,在"爆炸"PorpertyManager 中,根据拆卸顺序,依次选择零件,然后拖动操纵杆控标完成每一个爆炸步骤。单击 按钮,完成齿轮油泵的爆炸,结果如图5.25 所示。

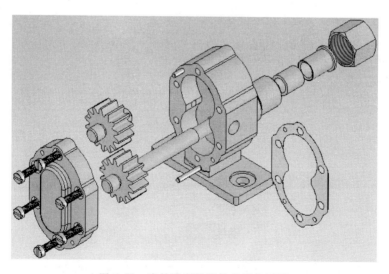

图 5.25　齿轮油泵装配体的爆炸视图

5.5　齿轮油泵的运动仿真

在设计树上选择运动分析图标 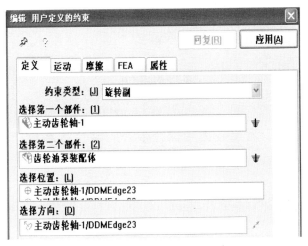（此处仅为正文图标，略），把被动齿轮轴和主动齿轮轴都设置为"运动零部件"，其它每个部件都设为静止零部件。右击设计树中"被动齿轮轴-1"→"添加约束"→"旋转副"，给每个齿轮轴添加一个旋转副，如图 5.26 所示。其中给主动齿轮轴的旋转副设置一个运动，如图 5.27 所示。

5.5.1　三维碰撞接触状态模拟

主动齿轮轴带动被动齿轮轴旋转，实际情况是刚体之间的碰撞产生的，下面就是对这种情况进行模拟。

右击"约束"→"碰撞"，选择"添加 3D 碰撞"命令，分别选择主动齿轮轴和被动齿轮轴，如图 5.28 和图 5.29 所示，单击"应用"按钮。

图 5.26　添加旋转副

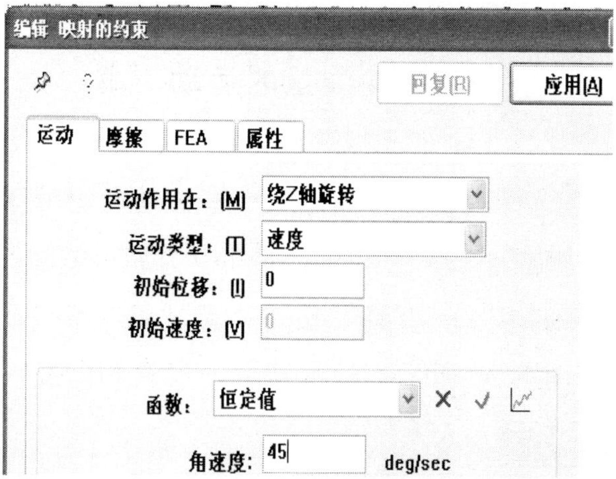

图 5.27　对主动轴设置运动

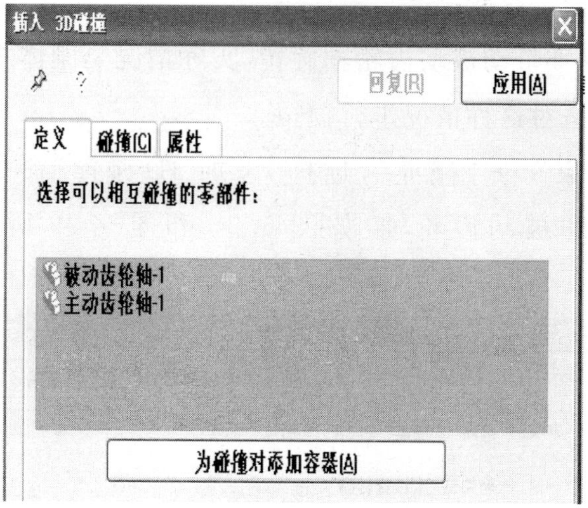

图 5.28　插入 3D 碰撞

　　从运行中可以看出各齿轮保持很好的啮合状态,没有干涉或脱离啮合现象。

5.5.2　耦合运动模拟分析

　　耦合是运动模型中一种特殊的约束,主要用来控制两个运动副之间的运动。一个耦合从运动模型中去掉一个多余的自由度。

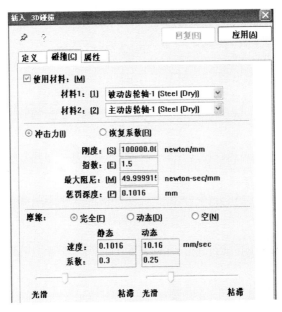

图 5.29　定义碰撞参数

　　右击"耦合",选择"添加耦合"命令,在"何时约束"和"约束"栏,分别用鼠标选择右边设计树"约束"下面的旋转副和旋转副 2。主动齿轮轴角速度为 45°/s,被动齿轮轴角速度为 45°/s。主动齿轮轴和被动齿轮轴转动角度之比为 1∶1。如图 5.30 和图 5.31 所示。

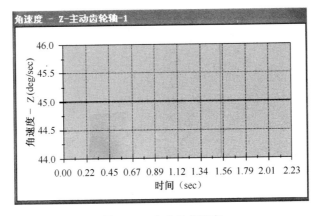

图 5.30　主动轴角速度

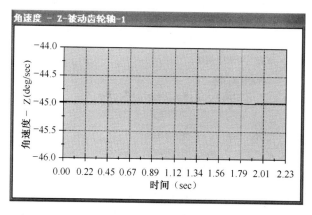

图 5.31　被动轴角速度

第六章 手压阀建模与仿真

6.1 手压阀的工作原理

目前,大量生产的手压阀有弹簧式和杆式两大类,另外还有冲量式手压阀、先导式手压阀、安全切换阀、安全解压阀、静重式手压阀等。弹簧式手压阀主要依靠弹簧的作用力工作,弹簧式手压阀又分封闭和不封闭的,一般易燃、易爆或有毒的介质应选用封闭式,蒸汽或惰性气体等可以选用不封闭式。弹簧式手压阀还有带扳手和不带扳手的。

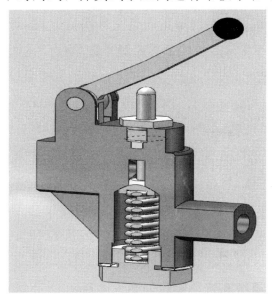

图 6.1 手压阀模型图

扳手的作用主要是检查阀瓣的灵活程度,有时也可以用作手动紧急泄压。杠杆式手压阀主要依靠杠杆重锤的作用力工作,但由于杠杆式手压阀体积庞大往往限制了选用范围。温度较高时选用带散热器的手压阀。

手压阀工作时用手握住手柄向下压紧阀杆,弹簧因受力压缩使阀杆向下移动,液体入口与出口相同,流出液体;手柄向上抬起时,由于弹簧力的作用,阀杆向上压紧阀体,使液体入口与出口不通。其三维装配图如图 6.1 所示。

6.2　手压阀的建模

6.2.1　手压阀阀体的建模

1. 新建"阀体.SLDPRT"文件

运行软件,用鼠标左键单击新建文件快捷方式,新建零件图,命名为"阀体.SLDPRT",然后用鼠标左键单击"保存"按钮。

2. 绘制过程

在 Feature Manager 设计树中用鼠标左键单击"前视基准面",然后用鼠标左键单击特征栏中的拉伸特征,在窗口中出现草图绘制。以原点为中心,以 25mm 为半径做圆,然后单击"确定"按钮,进入拉伸特征编辑生成圆柱体,然后以上视基准面建立草图,做圆拉伸成型,如图 6.2 所示。

以同样的方法生成下面的入口,然后进行切除旋转,如图 6.3 所示。

筋的生成、草图和特征编辑如图 6.4 所示。

运行异型孔向导,按要求生成螺纹孔,如图 6.5 所示。

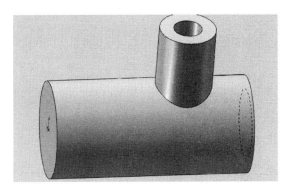

图 6.2　主体

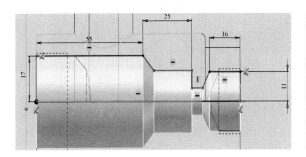

图 6.3　内切草图和特征参数

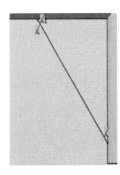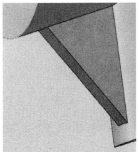

图 6.4　筋的生成

图 6.5   螺纹孔

6.2.2   手压阀弹簧的建模

（1）在 Feature Manager 中用鼠标左键单击"前视基准面"，单击"草图绘制"，在草图窗口中，单击 ⊙ 做圆，然后单击 ◈ 进行标注，将圆半径设定为 $R=2mm$，使圆心和原点之间的距离定为 9mm，单击"完成"按钮。

（2）单击"上视基准面"，单击"绘制草图"，以原点为圆心，单击
◎ 做圆，然后单击 ◇，将圆半径设定为 9mm。单击工具栏中的"插
入"，选择"曲线"，然后单击"螺旋线/涡状线"，生成螺旋线，按图 6.6
设置，旋转方向：右；有效圈数：6；总圈数：8.5；展开长度：488；选择按
高度和节距扫描，初始角度为 0 生成。

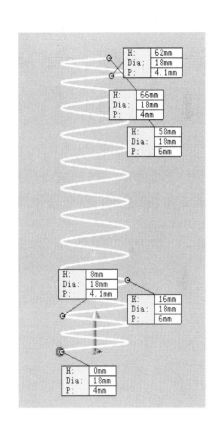

图 6.6　弹簧螺旋线

（3）编辑扫描特征，单击 ⛊ 以草图 1 为轮廓线，以草图 2 为引导
线，方向扭转控制选择随路径变化，合并切面，显示预览，如图 6.7
所示。

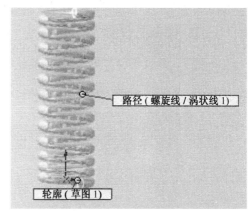

图 6.7　扫描弹簧

（4）在 Feature Manager 中选择前视基准面，单击"编辑草图"，绘制矩形，使底边经过原点，边长为 62mm，宽为 24mm，然后退出草图。编辑特征，选择切除，方向选为两侧对称，距离为 30mm，勾选反侧切除，然后单击"确定"按钮，生成弹簧，如图 6.8 所示，至此弹簧生成。

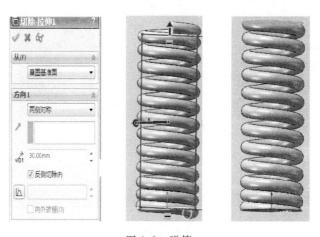

图 6.8　弹簧

6.2.3　手压阀螺母的建模

调节螺母，可根据要求调节高低，使弹簧在准确的位置，以适应生产的需要。

(1) 在 Feature Manager 中选择"前视基准面",然后单击"编辑草图",生成草图。

(2) 单击"工具",选择草图绘制实体,单击"多边形",生成标准六边形,单击"只能尺寸",将多边形的两边距离即内切圆直径设定为45mm,然后单击"退出草图",从而生成六边形。

(3) 单击"拉伸凸台",以六边形为轮廓,距离15mm进行拉伸,生成六边体。以六边形的平面为基准面,单击"拉伸凸台",出现草图绘制界面,单击 ⊚ 以原点为圆心做圆,将圆的半径设定为18mm,单击"退出草图"。然后进行特征编辑,将深度设定为11mm,单击 ⊘ 按钮。

(4) 单击生成的圆截面,然后单击 ▣,在生成的草图中,以 $R=$ 25mm做圆,然后单击"退出草图"。然后进行编辑特征,将深度设定为10mm,单击 ⊘ 按钮,退出编辑,生成图6.9所示的实体。

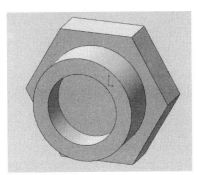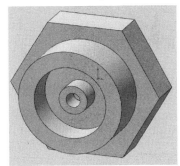

图6.9 螺母基体

(5) 单击"凹槽底面",用鼠标左键单击"特征" ▣,在草图中,以原点为圆心,分别以 $R=5$mm,$R=2.5$mm 做同心圆,单击"退出草图"。然后进行编辑特征,将深度设定为7mm,生成实体,如图6.10所示。

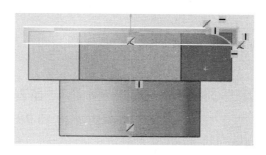

图 6.10　旋切草图

（6）选择六边形实体的侧边，然后单击 🔩，在草图绘制中，选择三点圆弧，绘制图 6.11 所示的草图，然后退出草图。编辑特征，单击"插入"，选择临时轴，以其为轴，单击 ✅ 按钮，退出。

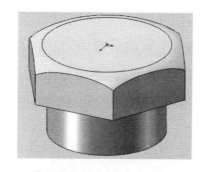

图 6.11　旋切实体

（7）选择"前视基准面"，编辑草图，绘制图 6.12 所示的草图，单击

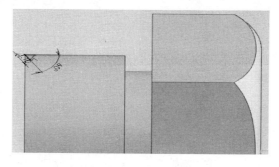

图 6.12　螺纹草图

"退出草图",以圆形面为基准面画圆,添加"几何关系",使圆边和三角形定点重合,然后"退出草图"。单击"插入",选择"螺旋线",然后单击"扫描",以三角形为轮廓,以螺旋线为引导线,进行扫描,生成实体如图 6.13 所示。

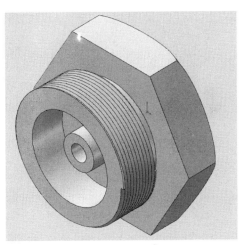

图 6.13　扫描生成螺纹

6.2.4　手压阀其它零件的建模

其它零部件的建模,都可以通过以上所讲述过的基本方法,例如,拉伸凸台、拉伸、切除、旋转、扫描等完成,生成实体。在建模的时候要根据不同的部件特征选择相适应的建模方法。锁紧螺母,可以先通过"工具"选择草图绘制实体,然后选择六边形,按照尺寸要求进行设定。然后拉伸凸台,其螺纹的生成部分可以参照锁紧螺母的螺纹生成过程。阀杆和手柄通过草图绘制后,进行拉伸即可生成。

其余零部件实体图,如图 6.14～图 6.17 所示。

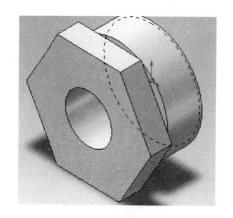

图 6.14　锁紧螺母

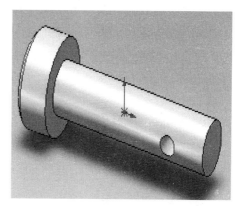

图 6.15　销钉

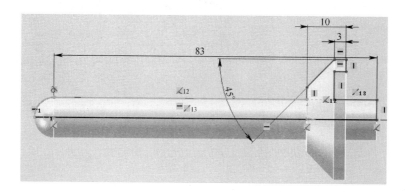

图 6.16　阀杆

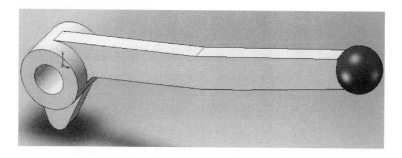

图 6.17　手柄

6.3　手压阀的装配

6.3.1　手压阀装配

运行 SolidWorks,选择装配体,将之命名为"弹簧式手压阀",然后插入零部件,单击"浏览",将刚做好的零部件依次插入。首先选择阀体,放到显示区域,然后在 Feature Manager 设计树中用鼠标右键单击"阀体",将之改为浮动。然后单击"视图",选择原点,通过配合,使阀体的原点和装配图的原点重合,单击 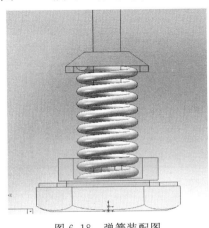 按钮,退出配合,然后再次用鼠标右键单击"阀体"将之设置为固定。

单击"插入零件",在浏览中选择填料,将石棉材质的填料和阀体进行装配,选择填料的斜面、阀体的斜面,然后选择重合,单击 按钮,退出装配。同理,依次插入零件:锁紧螺母、阀杆、胶垫、调节螺母,通过重合、同轴心等配合关系给装配起来,同时必须把所有的重合关系调成压缩,可以使其在确定装配位置的同时不影响其运动。

弹簧装配图如图 6.18 所示,最终的装配图如图 6.19。

图 6.18　弹簧装配图

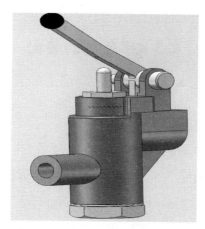

图 6.19　手压阀装配图

6.3.2　手压阀干涉检查

完成装配后进行干涉检查,以确定各零部件之间是否有干涉,是否会影响各部件之间的运动,图 6.20 所示是干涉检查结果。

图 6.20　干涉检查

6.3.3　手压阀爆炸图

根据完成的装配图,编辑爆炸视图可以更直观地反映出装配部件的过程和所包含的零部件。手压阀爆炸视图如图 6.21 所示。

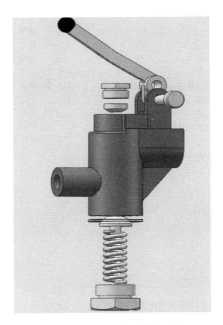

图 6.21　手压阀爆炸视图

6.4　手压阀的仿真分析

6.4.1　手压阀仿真参数设置

在设计树上选择运动分析图标 ⌗，将阀体、调节螺母、胶垫设置为固定零部件，剩余的零部件设置为活动零部件，然后单击鼠标右键选择"销"，选择依附于手柄，如图 6.22。

（1）在约束中添加碰撞，选择 3D 碰撞，设置如图 6.23 所示。

（2）在"力"下选择"弹簧"，单击鼠标右键添加线性弹簧，各数值设置如图 6.24 所示。

（3）在"力"下选择"阻尼"，单击鼠标右键添加线性阻尼，各项参

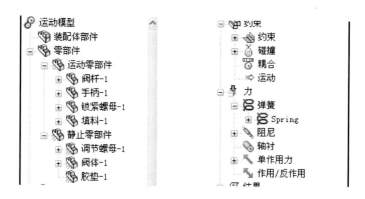

图 6.22　零部件设置

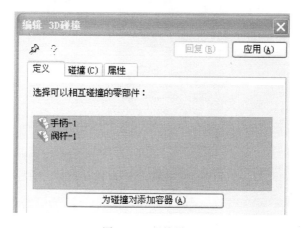

图 6.23　碰撞设置

数如图 6.25 所示。

　　（4）在"力"下选择"单作用力"，单击鼠标右键添加单作用力，将力设置为恒定力 350N，其它各项设置如图 6.26 所示。

6.4.2　手压阀仿真结果

　　单击鼠标右键选择"运动模型"中的"运行仿真"，或者单击 圙 图标运行仿真，输出力—幅值、位移—幅值、加速度—幅值和速度—幅值曲线如图 6.27～图 6.30 所示。

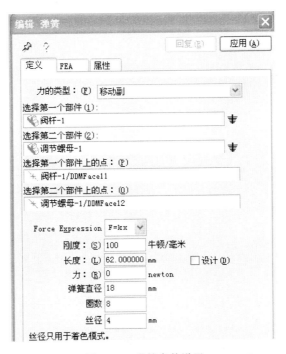

图 6.24　弹簧参数设置

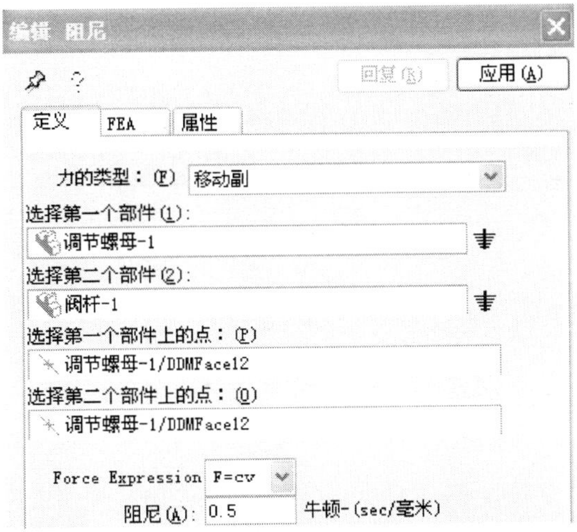

图 6.25　阻尼设定

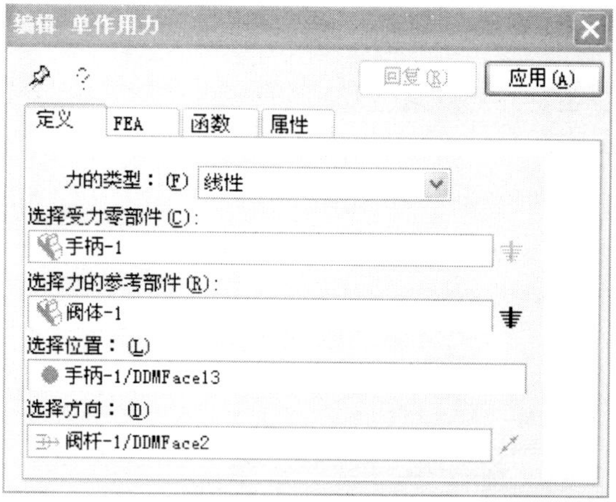

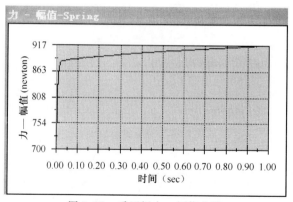

图 6.26　作用力设定

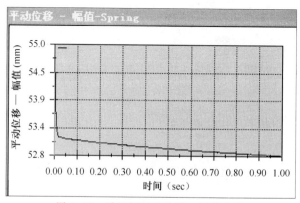

图 6.27　手压阀力—幅值曲线

图 6.28　手压阀平动位移—幅值曲线

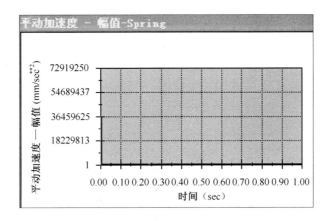

图 6.29　手压阀加速度—幅值曲线

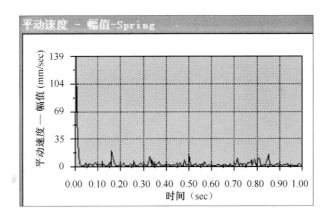

图 6.30　手压阀速度—幅值曲线

在 COSMOSMotion 工具栏上选择⊠删除仿真结果,单击鼠标右键选择设计树中【力】/【弹簧】,选择 Spring/【属性】命令,将弹簧刚度 100N/mm 变为 110N/mm,重新计算输出力—幅值、位移—幅值、加速度—幅值和速度—幅值曲线,如图 6.31～图 6.34 所示。

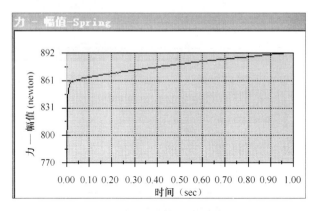

图 6.31　手压阀力—幅值曲线

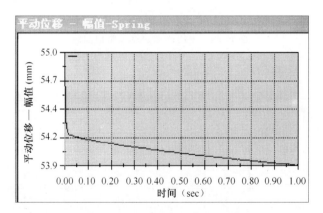

图 6.32　手压阀位移—幅值曲线

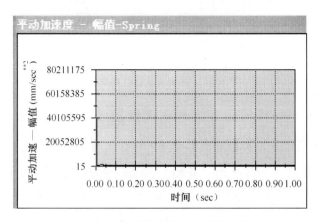

图 6.33　手压阀加速度—幅值曲线

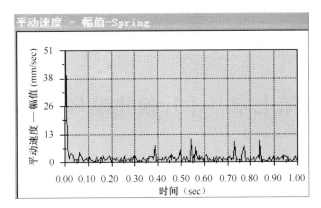

图 6.34　手压阀速度—幅值曲线

第七章　千斤顶建模与仿真

7.1　千斤顶的工作原理

千斤顶主要用于厂矿、交通运输等部门,可用于车辆修理及其它起重、支撑等工作。其结构轻巧坚固、灵活可靠,一人即可携带和操作。千斤顶是用刚性顶举件作为工作装置,通过顶部托座或底部托爪在小行程内顶升重物的轻小起重设备。

螺旋千斤顶机械原理,往复扳动手柄,使举重螺杆旋转,从而使升降套筒起升或下降,达到起重拉力的功能。

螺旋千斤顶由人力通过螺旋副传动,螺杆或螺母套筒作为顶举件。普通螺旋千斤顶靠螺纹自锁作用支持重物,构造简单,但传动效率低,返程慢。自降螺旋千斤顶的螺纹无自锁作用,装有制动器。放松制动器,重物即可自行快速下降,缩短返程时间,但这种千斤顶构造较复杂。螺旋千斤顶能长期支持重物,最大起重量已达 100t,应用较广。下部装上水平螺杆后,还能使重物作小距离横移。

7.2　千斤顶的建模

7.2.1　绞杠的建模

1. 新建"绞杠 . SLDPRT"文件

双击 SolidWorks 快捷图标,进入工作界面,单击"文件"菜单→选择"新建"命令,此时会弹出"新建 SolidWorks 文件"对话框,选择"零件"选项→单击"确定",进入 SolidWorks 零件模块界面。单击"文件"菜单→选择"保存"→在弹出的"另存为"对话框文件名一栏输入"绞杠 . SLDPRT",然后选择合适的存储路径,最后"保存"。

2. 实体绘制

(1) 单击"拉伸凸台/基体"按钮,选择"前视面"为基准面,单击 ⊙圆 ,以原点为中心画圆,单击 智能尺寸 标注圆的直径。单击 退出草图绘制,弹出图 7.1 所示的"拉伸"对话框。

图 7.1 "拉伸"对话框

(2) 输入长度 300mm,单击 按钮,结果如图 7.2 所示。

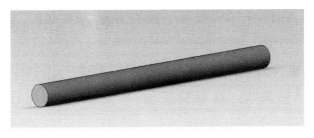

图 7.2 绞杠拉伸图

（3）倒角。单击 ⬚倒角 按钮，选择需要倒角的边线，在弹出的对话框中选择"距离—距离"，如图 7.3 所示。确定之后结果如图 7.4 所示。至此，绞杠零件建模完成。

图 7.3　绞杠倒角图

图 7.4　绞杠

7.2.2　螺套的建模

（1）利用"特征"工具栏中的"拉伸凸台/基体"和"拉伸切除"功能，作图 7.5 所示实体。

（2）绘制螺纹牙外形草图。选右视面为基准面，单击"插入草图"，绘制草图如图 7.6 所示。

说明：此螺纹为矩形螺纹，右旋、粗牙、单线。

（3）创建螺旋线。选取特定面，放置草图，绘制直径为 40mm 的圆。

单击"曲线"按钮打开下拉菜单，选取【螺旋线/涡状线】选项。

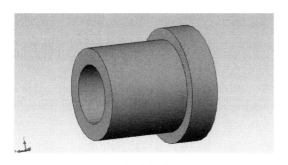

图 7.5 螺套拉伸和切除

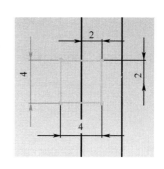

图 7.6 牙型草图

定义方式改为"高度和螺距",高度设为 80mm,螺距为 8mm。选取刚刚创建的圆为参照,单击 ⊘ 按钮,最后得到图 7.7 所示的螺旋线。

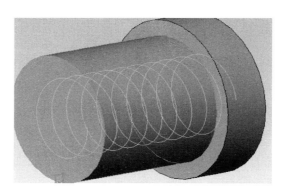

图 7.7 螺套螺旋线

(4)创建扫描切除特征。单击"扫描切除"按钮,打开"切除—扫描"设计面板,设置扫描轮廓为"实体扫描"。选取先前创建的工具实体作为扫描轮廓,选取螺旋线为扫描轨迹,如图 7.8 所示。单击"扫描切除"按钮,最后生成图 7.9 所示的扫描切除特征。

(5)定位孔。选取螺套底面为基准面。单击 异型孔... 按钮,弹出图 7.10 所示的"异型孔"对话框,输入对应的参数,然后单击 ⊘ 按钮确定。

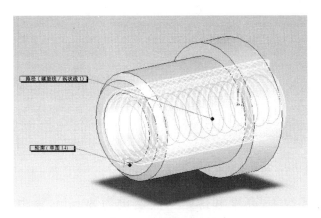

图 7.8　螺套扫描特征

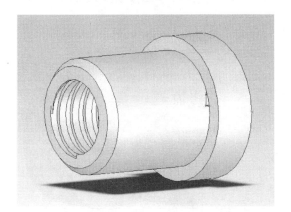

图 7.9　螺套内螺纹

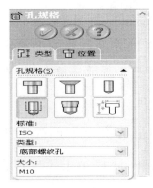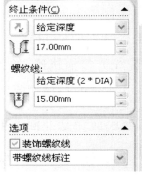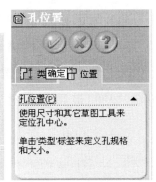

图 7.10　"异型孔"对话框

（6）倒角。倒角后最终效果图如图 7.11 所示。

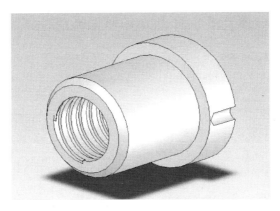

图 7.11　螺套三维图

7.2.3　底座的建模

（1）单击 草图绘制，选择前视面，做中心线和一个封闭草图，如图 7.12 所示。

（2）单击刚刚所作的草图，单击 旋转凸... 按钮，弹出对话框，选择准确的中心线与参数，单击 ✅ 按钮，得到图 7.13。

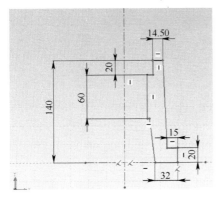

图 7.12　底座草图

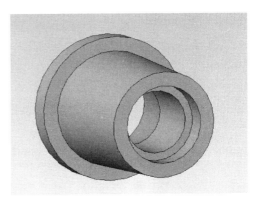

图 7.13　底座旋转凸台特征

（3）定位孔。选取底座上端面为基准面。选择 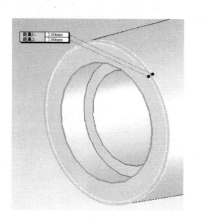（正视于），然后单击 异型孔... 按钮,弹出图 7.14 所示的对话框,输入对应的参数,然后单击"确定"按钮。

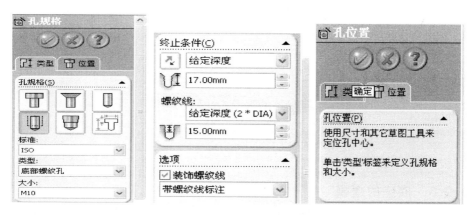

图 7.14　插入"异型孔"对话框

（4）倒角与倒圆。单击按钮　　　,在弹出的对话框中选择"距离—距离",如图 7.15、图 7.16 所示。

（5）最终结果为图 7.17。

图 7.15　底座倒角

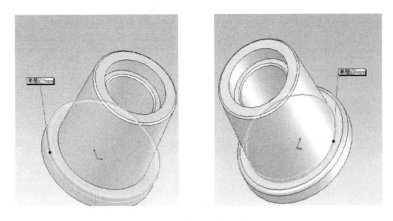

图 7.16 底座倒圆

图 7.17 底座最终三维图

7.2.4 螺杆的建模

（1）分别利用 拉伸凸... 、拉伸切除 、旋转凸... 按钮功能，选择"前视面"为基准面，最后单击 退出草图，得到图 7.18 所示的实体图。

（2）单击 旋转切除 按钮，在上视面内插入图 7.19 所示的草图。

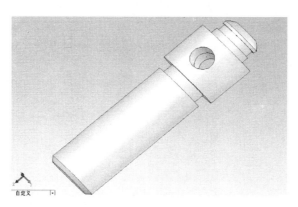

图 7.18　　螺杆拉伸旋转特征

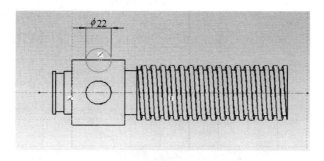

图 7.19　　螺杆旋转切除草图

（3）外螺纹的制作。放置草图，绘制直径为 40mm 的圆。

单击"曲线"按钮打开下拉菜单，选取【螺旋线/涡状线 1】选项，如图 7.20 所示。定义方式改为"高度和螺距"，高度设为 128mm，螺距为 8mm。选取刚刚创建的圆为参照，单击 按钮，最后得到图 7.21 所示的螺旋线。

（4）倒角。

（5）创建扫描切除特征。单击"扫描切除"按钮打开"切除—扫描"设计面板，设置扫描轮廓为【实体扫描】。选取先前创建的工具实体作为扫描轮廓，选取螺旋线为扫描轨迹，如图 7.22 所示。单击"扫描切除"按钮，最后生成图 7.23 所示的三维螺杆模型。

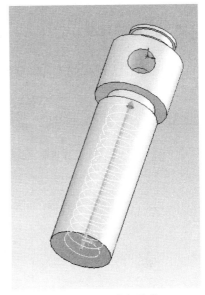

图 7.20　"螺纹生成"对话框　　　　图 7.21　螺套螺旋线

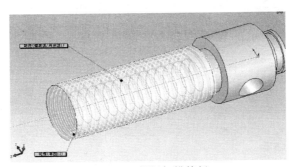

图 7.22　螺杆扫描特征

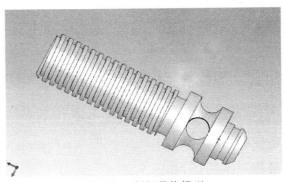

图 7.23　螺杆最终模型

7.2.5 顶垫的建模

（1）根据已知尺寸作图 7.24 所示的顶垫草图。

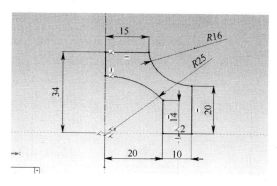

图 7.24　顶垫草图

（2）单击 ![退出草图] 退出，单击 ![旋转凸...] 按钮，看到图 7.25 所示的对话框和图 7.26 所示的预览图。

图 7.25　旋转对话框

图 7.26　旋转特征

（3）生成定位孔。

（4）顶垫最终三维图形，如图 7.27 所示。

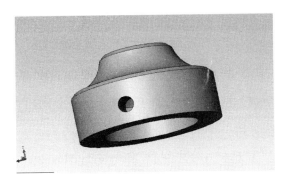

图 7.27　顶垫最终三维模型

7.2.6　定位螺栓的建模

　　根据软件自带的插件——Solidworks Toolbox Browse，直接调出所用的定位螺钉，如图 7.28 所示。

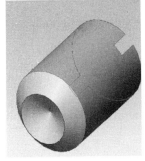

图 7.28　定位螺钉

7.3　千斤顶的虚拟装配

7.3.1　装配过程

1. 插入底座

单击"浏览"打开保存过的"底座 . SLDPRT"文件。单击按钮，用鼠标将底座拖动到一个合适的位置。

2. 插入螺套

单击"装配"工具栏中的"插入零部件"按钮，在"插入零部件" PorpertyManager 中，单击 "浏览"，打开"螺套 . SLDPRT"。单击 ✓ 按钮，用鼠标将底座拖动到一个合适的位置。

选择 "装配"工具栏中的"配合"PorpertyManager 中，选择两特定平面，设置配合关系为"重合"，如图 7.29 所示。单击 ✓，完成配合，如图 7.30 所示。

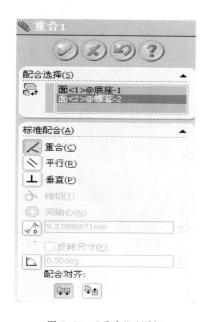

图 7.29 "重合"对话框

图 7.30 两平面重合

选择两特定曲面为"同心轴"，如图 7.31 所示。单击 ✓ 按钮，完成配合。

再选择两特定曲面为"同心轴"，如图 7.32 所示。单击 ✓ 按钮，完成螺套与底座的配合，如图 7.33 所示。

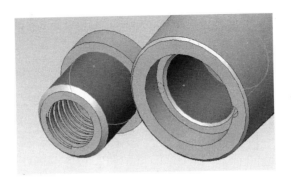

图 7.31　底座螺套配合

图 7.32　"同心"对话框

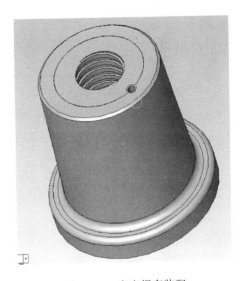

图 7.33　底座螺套装配

3. 插入定位螺钉

单击"装配"工具栏中的"插入零部件"按钮,在"插入零部件" PropertyManager 中单击"浏览",打开文件"定位螺钉 . SLDPRT"。单击
按钮,用鼠标将底座拖动到一个合适的位置放置。

选择两特定曲面为"同心轴",单击按钮,完成配合,如图 7.34
所示。

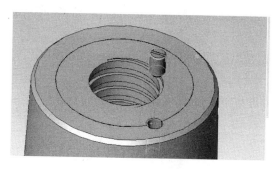

图 7.34　装配定位螺钉

选取两平面为"重合"，如图 7.35 所示。单击按钮，完成配合，如图 7.36 所示。

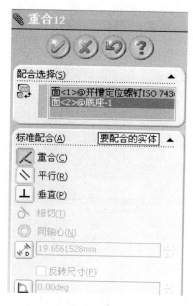

图 7.35　"面面重合"对话框

图 7.36　完成定位

4. 插入其它零件

插入螺杆、顶垫、定位螺钉和绞杠等基本零部件的过程类似，在此不再叙述。

千斤顶最终装配图如图 7.37 所示。

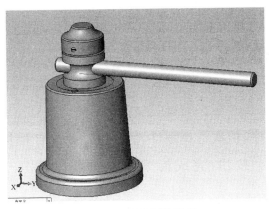

图 7.37 千斤顶装配图

7.3.2 千斤顶干涉检查

装配过后应该检查装配体的配合情况,此时单击"评估"工具栏中的"干涉检查"按钮。在"干涉检查"PorpertyManager 中选择"装配图.SLDASM",其它设置保持系统默认,如图 7.38 所示。单击"计算"按钮,进行装配体的检查,结果如图 7.39 所示。

图 7.38 干涉检查

图 7.39 干涉检查结果

检查结果显示无干涉,表明装配正确合理。

7.3.3 千斤顶爆炸视图

单击"装配"工具栏中的 爆炸视图 按钮,在"爆炸" PorpertyManager 中,根据拆卸顺序,依次选择零件,然后拖动操纵杆控标完成每一个爆炸步骤。单击 按钮,完成齿千斤顶的爆炸视图,结果如图 7.40 所示。

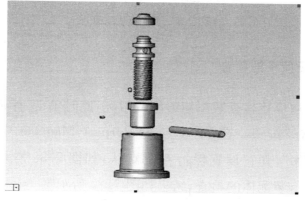

图 7.40 千斤顶爆炸视图

7.4 千斤顶的仿真分析

7.4.1 仿真设置

(1) 双击 Solidworks 2006 快捷方式,打开软件,进入到工作界面后,添加已经准备好的装配体,如图 7.41 所示。单击 按钮打开设计树上选择运动分析图标,界面如图 7.42 所示。

(2) 单击 零部件按钮,将"螺杆"、"顶垫"、"六角螺钉"和"绞杠"设置为运动零部件,然后将"底座"、"螺套"和"开槽定位螺钉"设置为

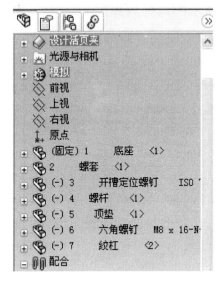

图 7.41 装配设计树

图 7.42 仿真设计树

静止零部件。

（3）单击设计树的 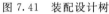 约束选项，用鼠标右键单击"约束"选项，选择添加螺纹副，弹出图 7.43 所示对话框。

图 7.43 添加螺纹副

"**选择第一个部件：(1)**"栏选择图 7.44 所示的螺杆内螺纹。

"**选择第二个部件：(2)**"栏选择图 7.45 所示的底座外螺纹。

图 7.44　螺杆内螺纹　　　　　　图 7.45　底座外螺纹

螺纹节距设置为"8mm/r"，单击 ┃ 应用(A) ┃，确定。

（4）单击工具栏中的 模拟 ▾ 按钮，选择 中的 旋转马达功能，在弹出的对话框（图 7.46）中设置相应的参数，选择对象，最后单击 按钮，如图 7.47 所示。

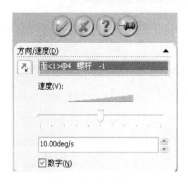 

图 7.46　旋转马达对话框　　　　图 7.47　旋转马达

注意：添加旋转马达的时候应注意装配体中运动部件的旋转方向，如有需要可通过单击按钮 改变旋转方向。

（5）打开 COSMOSMotion 工具栏，单击 按钮，弹出图 7.48 所示对话框，选择"仿真"，设置运动时间等参数。

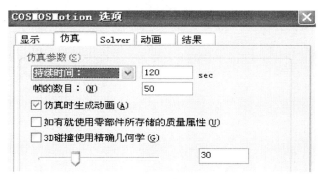

图 7.48　"仿真参数"对话框

（6）将装配体运动部件调整到合适的初始位置，单击设计树最下端的 （运动仿真）按钮，仿真开始。

7.4.2　仿真结果

1. 顶垫

顶垫的质心位置 X 轴和 Z 轴曲线分别如图 7.49 和图 7.50 所示。

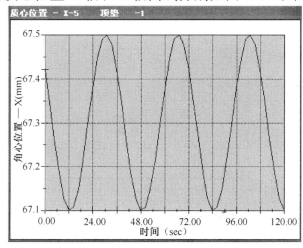

图 7.49　质心位置—X 轴曲线

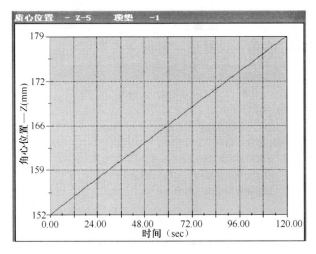

图 7.50　质心位置—Z 轴曲线

顶垫的质心角加速度和质心加速度曲线分别如图 7.51 和图 7.52 所示。

结果分析：仿真结果与理论值相比较，参数值和曲线均相符。

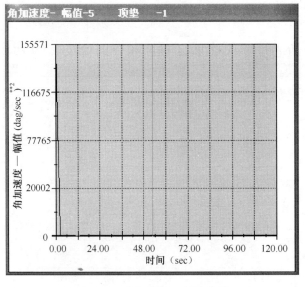

图 7.51　角加速度—幅值曲线

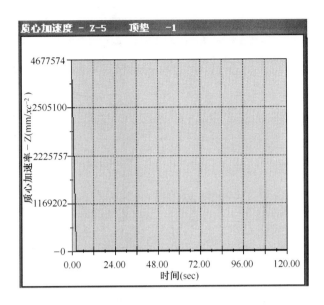

图 7.52 质心加速度—Z 轴曲线

2. 螺杆

螺杆的质心速度 X 轴和 Z 轴曲线分别如图 7.53 和图 7.54 所示。

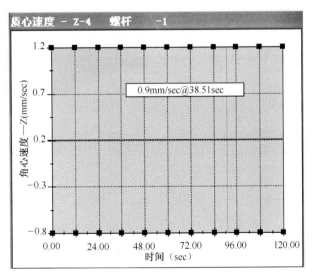

图 7.53 螺杆质心速度—Z 轴曲线

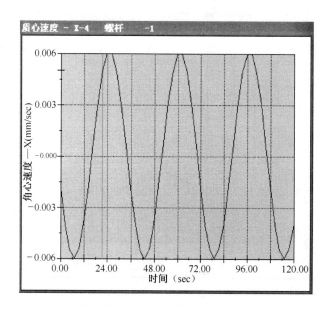

图 7.54　螺杆质心速度—X 轴曲线

螺杆的质心加速度—Z 轴和角加速度—Z 轴曲线如图 7.55 和图 7.56 所示。

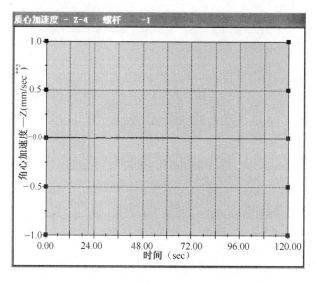

图 7.55　螺杆质心加速度—Z 轴曲线

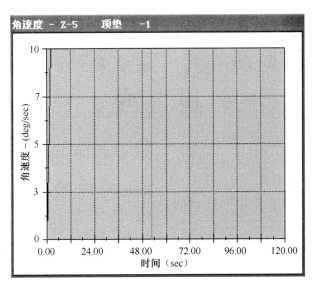

图 7.56　螺杆角加速度—Z轴曲线

螺杆的质心速度幅值曲线如图 7.57 所示。

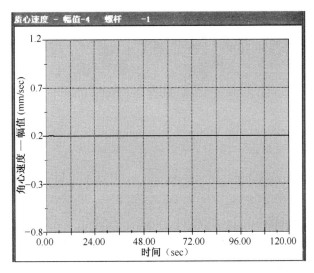

图 7.57　螺杆质心速度幅值曲线

结果分析:仿真结果与理论值相比较,参数值和曲线均相符。

附　　录

生成齿轮程序代码如下：

```
    Private Sub UserForm_Initialize()
    Me. Label1 = "齿　数"
    Me. Label2 = "模　数"
    Me. Label3 = "压力角"
    Me. CommandButton1. Caption = "确　定"
    Me. CommandButton2. Caption = "取　消"
    '窗体上文本框赋初值
    Me. TextBox1 = 21 '齿数
    Me. TextBox2 = 12 '模　数
    Me. TextBox3 = 20 '压力角
End Sub


Private Sub CommandButton1_Click()


    Dim points(9) As Double
    Dim CZ As Double, CM As Double, CA As Double, CRa As Double
    CZ = Me. TextBox1        '齿数
    CM = Me. TextBox2 / 1000      '模　数,/1000 单位变为米
    CA = Me. TextBox3 * 3. 141 / 180      '压力角
    '子程序计算出齿轮廓线的坐标 points 和顶圆半径 CRa
    Call 齿轮廓线(CZ, CM, CA, points(), CRa)
    Dim swApp                As SldWorks. SldWorks
```

```
Dim swModel              As SldWorks. ModelDoc2
Dim nPtData(26)          As Double
Dim vPtData              As Variant
Dim swSketchSeg(1)       As SldWorks. SketchSegment


Set swApp = Application. SldWorks
Set swModel = swApp. ActiveDoc
Set swSketchSeg(0) = swModel. CreateCircleByRadius2(0, 0, 0, CRa)
swModel. InsertSketch2 True


nPtData(0) = -points(8)：   nPtData(1) = points(9)：    nPtData(2) = 0#
nPtData(3) = -points(6)：   nPtData(4) = points(7)：    nPtData(5) = 0#
nPtData(6) = -points(4)：   nPtData(7) = points(5)：    nPtData(8) = 0#
nPtData(9) = -points(2)：   nPtData(10) = points(3)：   nPtData(11) = 0#
nPtData(12) = points(0)：   nPtData(13) = points(1)：   nPtData(14) = 0#
nPtData(15) = points(2)：   nPtData(16) = points(3)：   nPtData(17) = 0#
nPtData(18) = points(4)：   nPtData(19) = points(5)：   nPtData(20) = 0#
nPtData(21) = points(6)：   nPtData(22) = points(7)：   nPtData(23) = 0#
nPtData(24) = points(8)：   nPtData(25) = points(9)：   nPtData(26) = 0#


vPtData = nPtData


Set swSketchSeg(1) = swModel. CreateSpline(vPtData)    '创建齿轮廓线样条
曲线


Dim bRet As Boolean
'绘制齿轮顶圆曲线
bRet = swModel. CreateArcByCenter(0, 0, 0, points(8), points(9), 0, -points
(8), points(9), 0)
```

```
swModel. InsertSketch2 True

swModel. ViewZoomtofit2 '整屏显示图形

End Sub

Sub 齿轮廓线(CZ As Double, CM As Double, CA As Double, points( ) As Double, CRa
As Double)
    Dim CR As Double, CRb As Double, CRf As Double, CSb As Double, Th(3)
    '齿轮毛坯造型
    '_____
    CR = CM * CZ / 2 '齿轮分度圆半径
    CRf = (CR - 1. 25 * CM) '齿轮根圆半径
    CRb = CR * Cos(CA)  '齿轮基圆半径
    CRa = CR + CM '齿轮顶圆半径
    '_____
    '刀具造型
    '_____' Dim plineObj
(0) As AcadLWPolyline
    '齿轮基圆齿厚
    CSb = Cos(CA) * (3. 14 * CM / 2 + CM * CZ * (Tan(CA) - (CA)))
    Th(1) = (3. 14 * CM * Cos(CA) - CSb) / (2 * CRb)
    Th(0) = Th(1) / 3
    Th(2) = Th(1) + Tan(CA) - CA
    'ACos ---反余弦,自定义函数
    Th(3) = Th(1) + Tan(Acos(CRb / CRa)) - Acos(CRb / CRa)
    Dim points(9) As Double

    '第 0 点
    points(0) = 0: points(1) = CRf
```

```
'第 1 点
points(2) = CRf * Sin(Th(0)): points(3) = CRf * Cos(Th(0))
'第 2 点
points(4) = CRb * Sin(Th(1)): points(5) = CRb * Cos(Th(1))
'第 3 点
points(6) = CR * Sin(Th(2)):  points(7) = CR * Cos(Th(2))
'第 4 点
points(8) = CRa * Sin(Th(3)): points(9) = CRa * Cos(Th(3))


'当基圆小于根圆,调整第 1、第 2 点坐标,得到近似值
If CRb < CRf Then
    '第 1 点
    points(2) = points(6) * 0.2: points(3) = points(1) + 0.25 * CM * 0.03
    '第 2 点
    points(4) = points(6) * 0.7: points(5) = points(1) + 0.25 * CM * 0.8


End If


End Sub


Function Acos(X As Double) As Double '反余弦
    Dim pi As Double
    pi = 4# * Atn(1#)  '45 度 = pi/4
    If Abs(X) > 1# Then
    MsgBox "cosX>1 ,Acos(X)函数出错 ", 1 + 16, "警告": Exit Function
    Else
    If Abs(X) = 1# Then
        Acos = (1# - X) * pi / 2#
    Else
        Acos = pi / 2 - Atn(X / Sqr(-X * X + 1))
```

```
        End If
    End If
End Function


Private Sub CommandButton2_Click()
End
End Sub
```

参 考 文 献

[1] 王正中. 系统仿真技术[M]. 北京:科学出版社,1986.

[2] 彭晓源. 系统仿真技术[M]. 北京:北京航空航天大学出版社,2006.

[3] 璞良贵,纪名刚. 机械设计[M]7版. 北京:高等教育出版社,2005.

[4] 孙志礼,冷兴聚,魏严刚. 机械设计[M]. 沈阳:东北大学出版社,2000.

[5] 唐增宝,常建娥. 机械设计课程设计手册[M].3版. 武汉:华中科技大学出版社,2006.

[6] 金清肃. 机械设计课程设计[M]. 武汉:华中科技大学出版社,2007.

[7] 成大先. 机械设计手册[M]. 北京:化学工业出版社,2004.

[8] 洪钟德. 简明机械设计手册[M]. 上海:同济大学出版社,2002.

[9] 孙恒,陈作模,葛文杰. 机械原理[M].7版. 北京:高等教育出版社,2006.

[10] 高慧琴,张君彩,冯运. 机械原理[M]. 北京:国防工业出版社,2009.

[11] 申永胜. 机械原理教程[M].2版. 北京:清华大学出版社,2007.

[12] 孔建益,熊禾根. 机械原理与机械设计[M]. 武汉:华中科技大学出版社,2008.

[13] 钱可强. 机械制图[M].5版. 北京:中国劳动社会保障出版社,2007.

[14] 何铭新,钱可强. 机械制图[M].5版. 北京:高等教育出版社,2004.

[15] 张展,张弘松,张晓维. 行星差动传动装置[M]. 北京:机械工业出版社,2008.

[16] 饶振纲. 行星齿轮传动设计[M]. 北京:化学工业出版社,2003.

[17] 张展. 齿轮设计与实用数据速查[M]. 北京:机械工业出版社,2009.

[18] 谭建荣,张树有,陆国栋,等. 图学基础教程[M].2版. 北京:高等教育出版社,2006.

[19] 谭建荣,张树有,陆国栋,等. 图学基础教程习题集[M].2版. 北京:高等教育出版社,2006.

[20] 杨裕根,诸世敏. 现代工程图学习题集[M]. 北京:北京邮电大学出版社,2007.

[21] 贺光谊、唐之清. 画法几何及机械制图[M]. 重庆:重庆大学出版社,1994.

[22] 刘仕平. 液压与气压传动[M]. 郑州:黄河水利出版社,2003.

[23] 郭术义. 齿轮三维快速造型与仿真[M]. 北京:科学出版社,2010.

[24] 詹迪维. SolidWorks机械设计教程[M]. 北京:机械工业出版社,2009.

[25] 曹岩. SolidWorks2009机械设计实例精解[M]. 北京:化学工业出版社,2009.

[26] 胡仁喜．刘昌丽．路纯江,等.Solidworks2010 中文版标准实例教程[M]．北京：机械工业出版社,2010.

[27] 詹迪维．SolidWorks 快速入门教程(2007 中文版)[M]．北京：机械工业出版社,2008.

[28] 张晋西,郭学琴．SolidWorks 及 COSMOSMotion 机械仿真设计[M]．北京：清华大学出版社,2007.

[29] 高正,黄光辉．SolidWorks 2006 动画制作 100 例[M]．北京：机械工业出版社,2006..

[30] 徐丽萍,刘海琦．SolidWorks 2006 机械设计实例精解[M]．北京：机械工业出版社,2007.

[31] 李伟,邢启恩．SolidWorks 实用技术精粹[M]．北京：清华大学出版社,2004.

[32] SolidWorks 公司．SolidWorks 高级零件与曲面建模[M]生信实维,编译．北京：清华大学出版社,2003.

[33] 李新华,岳荣刚,宋凌珺．中文版 SolidWorks 2006 机械设计工程实践[M]．北京：清华大学出版社,2006.

[34] 高健,刘静,王家声．SolidWorks 2006 产品设计实例[M]．北京：机械工业出版社,2006.

[35] 张怀锁,李忆平,党新安．SolidWorks 零件设计实例详解[M]．北京：人民邮电出版社,2004.

[36] 邓力,高飞,高长银．SolidWorks2007 机械建模与工程实例分析[M]．北京：清华大学出版社,2008.

[37] 江洪,张培耘,江帆．Solidworks 钣金实例解析[M]．北京：机械工业出版社,2006.

[38] 谭永奇,林翔,白银杰．Solidworks 2004 实例教程[M]．北京：清华大学出版社,2005.

[39] 陈超祥,叶修梓．SolidWorks 基础教程：零件与装配体[M]．北京：机械工业出版社,2008.

[40] SolidWorks 公司．SolidWorks 高级教程：二次开发与 API(2007 版)[M]叶修梓,陈超群,杭州新迪数字工程系统有限公司,编译．北京：机械工业出版社,2009.

[41] SolidWorks 公司.COSMOS 高级教程 COSMOSMotion(2007 版)[M]叶修梓,陈超群,杭州新迪数字工程系统有限公司,编译．北京：机械工业出版社,2007.

[42] 林翔,谢永奇．SolidWorks2004 基础教程[M]．北京：清华大学出版社,2004.

[43] 叶修梓,陈超祥．SolidWorks 基础教程[M]．北京：机械工业出版社,2005.

[44] 李维,杨丽．SolidWorks 精彩实例[M]．北京：清华大学出版社,2002.

[45] 冯元超．SolidWorks2006 基础教程[M]．北京：机械工业出版社,2006.

[46] 商跃进,曹茹．SolidWorks 三维设计及应用教程[M]．北京：机械工业出版社,2008.

［47］徐海军、张武军．Solidworks2008 中文版三维建模实例精解［M］．北京：机械工业出版社，2008．

［48］二代龙震工作室．SolidWorks 2009 基础设计［M］．2 版．北京：清华大学出版社，2009．

［49］二代龙震工作室．SolidWorks 2009 高级设计［M］．2 版．北京：清华大学出版社，2009．

［50］二代龙震工作室．SolidWorks＋Motion＋Simulation 建模/机构/结构综合实训教程［M］．2 版．北京：清华大学出版社，2009．